80
RECOMENDACIONES
PARA EVITAR
LOS TÓXICOS

Dr. Nicolás Olea

80

RECOMENDACIONES PARA EVITAR LOS TÓXICOS

REDUCE TU EXPOSICIÓN A DISRUPTORES
ENDOCRINOS Y MICROPLÁSTICOS

integral

© del texto: Nicolás Olea Serrano.
© de esta edición: RBA Libros y Publicaciones, S. L. U., 2025.
Avda. Diagonal, 189 - 08018 Barcelona.
rbalibros.com

Primera edición: octubre de 2025.
Segunda reimpresión: enero de 2026.
Tercera reimpresión: abril de 2026.

REF.: RPRA667
ISBN: 978-84-9118-278-8
DEPÓSITO LEGAL: B. 17.037-2025

Montse Armengol · Realización editorial

Impreso en España - *Printed in Spain*

A Nicolás, Emilia y Teresa
A María Jesús

En apariencia somos ricos, pero en realidad pertenecemos
a una clase terriblemente empobrecida, que ha acumulado
basura y no sabe cómo hacer uso o deshacerse de ella,
y ha construido prisiones de plata y oro.

Henry David Thoreau (1854)

Sumario

Preámbulo

Corría el año 2019 a. C. —a. C. se refiere a «antes del COVID-19», el año que marcó un antes y un después, y que recordaremos siempre— cuando vio la luz el libro *Libérate de tóxicos. Guía para evitar los disruptores endocrinos.*[1] Desde entonces tengo mucho que contarte. Aunque, en primer lugar, lo que quiero es agradecer a los lectores no solo la buena acogida con que han recibido el libro, sino también su interés. Su lectura, en efecto, ha generado cientos de preguntas que me han ido llegando poco a poco y de manera constante desde el mismo momento de su publicación, ya sea por correo electrónico o directamente en forma de preguntas que me han planteado las personas que asistían a los muy variados foros en que hemos difundido la obra, centrada en esa pesadilla que es la exposición humana a los disruptores endocrinos (a los que de ahora en adelante llamaremos por sus siglas, DE), es decir, los contaminantes ambientales que interfieren en la actividad hormonal de nuestro organismo.

Con el libro en la mano, hemos visitado las ferias de productos ecológicos, los foros de practicantes de la agricultura convencional, las AMPA, los comedores escolares y los institutos de enseñanza media, así como también los foros de discusión científica y social, los congresos sanitarios tanto de profesionales generalistas de la salud como de especialistas, las asociaciones de consumidores, las tribunas abiertas y, cómo no, los centros de decisión política y técnica. Incluso, pudimos practicar ese nuevo arte que llaman «la incidencia política» o, lo que es lo mismo, pedir a los partidos políticos y a los responsables de la Administración gobernante que incorporen en sus propuestas y decisiones opiniones derivadas del conocimiento científico que, os recuerdo, la propia Administración ha ayudado a generar mediante financiación pública y competitiva de proyectos e investigaciones muy variadas.

Hay varios comentarios que creo necesario traer a colación en este preámbulo. El primero es referente a si hemos tenido que desmontar algunas de las recomendaciones e hipótesis que se presentaban en el primer libro y que nos toca ahora ejercer el derecho a retractación y pedir perdón por alguna presunción.

La respuesta es contundente: no.

Es más, sabemos que nos quedamos cortos en muchas de las previsiones. Estos seis años nos han dado una nueva una lección sobre la debilidad de la respuesta política y legislativa a muchas de las propuestas que hacíamos en 2019. No podemos olvidar en este sentido que la tragedia del COVID-19 transformó nuestras vidas y se llevó por delante muchas de las buenas intenciones de políticos y legisladores.

El miedo creado por la pandemia generó una respuesta social inaudita, nos hizo ver el poder del Estado y asistimos boquiabiertos a las maniobras de muchos oportunistas, que vieron su ocasión para lucrarse con negocios de lo más variado: se vendían masivamente mascarillas de polipropileno afieltrado para taparnos la boca o se ponían en el mercado superempaquetados de plástico y agua plastificada. Estas ventas fueron tan masivas que han llegado a hacer fundir e, incluso, casi desaparecer el esperanzador Reto Verde Europeo[2], que ha quedado reducido a un remedo patético de lo que Europa, a pecho abierto, iba a defender como modelo de sociedad para 2030 primero, y como horizonte lejano para 2050.

La orgía del plástico heredada del COVID-19 tiene, hoy día, su expresión más patente en los cientos de trabajos publicados sobre la presencia de microplásticos y nanoplásticos en tejidos y órganos tanto de humanos como de cualquier tipo de animales. De hecho, las mijitillas de polipropileno son el microplástico más abundante en la biopsia y lavado bronquial de la población mundial, y su frecuencia es muy superior a la de cualquier otro tipo de plástico presente en la pared intestinal, hígado o corazón. ¿Qué esperabas tras dos años respirando a través de esa mascarilla de polipropileno afieltrado? También nos quedamos cortos en muchas de las previsiones. De todas ellas, en la que más erramos fue en el grado de exposición global a los contaminantes químicos presentes en el agua, los alimentos, el aire interior y los contaminantes atmosféricos. Los estudios de biomonitorización humana que identifican y cuantifican la presencia de contaminantes ambientales en fluidos biológicos humanos (como sangre, orina y leche materna) han demostrado que todos estamos expuestos a todo.

Como la propia Unión Europea admite, los europeos estamos expuestos a muchos contaminantes químicos, en altas concentraciones y en un nivel alarmante.

¿Muchos? ¿Cuántos? ¿Decenas?, ¿miles?

Espero que no estés leyendo este libro de pie; mejor siéntate: las revisiones más actuales[2] admiten que el número oficioso de compuestos químicos de síntesis registrados se aproxima a los 340.000, doscientos mil más de los que mencionábamos en 2019.

En resumen, los trabajos de biomonitorización han demostrado que los sistemas de protección de la población no han funcionado adecuadamente. Estamos mucho más expuestos de lo que preveíamos al residuo de pesticidas o a los componentes del plástico.

Durante estos años, además, parece haberse desinflado gran parte del mensaje que el Pacto Verde Europeo[3] nos ofrecía. Ya fuese COVID-19, la guerra en el propio Viejo Continente o porque, definitivamente, el Pisuerga pasa por Valladolid, lo cierto es que hemos asistido al desmonte de las promesas. Te pongo un ejemplo de cómo han cambiado (para mal) las normativas: hemos pasado en la UE de proponer la reducción del consumo de pesticidas en un 50 % para 2030 no solo a tragarnos esa propuesta, sino a pedir que el cereal importado de América venga con unos niveles de residuos de pesticidas no permitidos para los propios agricultores europeos. Una enorme decepción.

También hemos visto, todos nosotros, a miles de tractores en las carreteras de toda Europa pidiendo precios justos para la producción agroalimentaria, pero la respuesta de los políticos y legisladores ha ido por otro camino: entre otras cosas, han suprimido las restricciones a la industria química y permitido su intromisión plena en la agricultura convencional. Herbicidas, fungicidas e insecticidas por un tubo.

«Nicolás, no exageres», me dirás, «también hemos asistido a la aplicación de ciertas regulaciones restrictivas para algunos contaminantes cuyo uso clama al cielo por su toxicidad, persistencia y riesgo para la salud».

Es cierto, han sido regulados y prohibidos pesticidas como clorpirifós o mancozeb, pero estos se cuentan con los dedos de la mano frente a los más de 600 principios activos aún en el mercado.

El caso de la regulación de la exposición a bisfenol-A (BPA) —un conocido componente de los plásticos de policarbonato y resinas epoxi, con actividad como DE— es un buen ejemplo de la lentitud a la hora de establecer medidas protectoras para la población general. Explicábamos en *Libérate de tóxicos* que ya publicamos los primeros datos de BPA en las latas de conserva recubiertas con una resina plástica epoxídica en 1995. Pues bien, hemos tenido que esperar hasta el 31 de diciembre de 2024 para que la Autoridad Europea en Seguridad Alimentaria (EFSA) reduzca en 20.000 la cantidad máxima de BPA que se puede «comer» cada día, de manera que la ingesta máxima diaria pase de 4 microgramos de BPA/kg de peso corporal a 0,2 nanogramos/kg de peso corporal. Esperar treinta años para tomar esta decisión es un atentado contra la salud pública. ¿Cuánto daño se podría haber evitado si se hubiese puesto más diligencia y empeño a la hora de prohibir esta exposición? ¿Cuánta obesidad, infertilidad, déficit de atención, pubertad precoz o cáncer de mama se podría haber evitado? ¿Es que ninguno de los afectados por esta exposición silenciosa va a exigir responsabilidades? Vivir en el fango de la impunidad es muy desesperanzador.

La lista de compuestos químicos de interés toxicológico también ha crecido en estos seis años, y la investigación sobre toxicidad de algunos de ellos ha incorporado nuevos datos que preocupan enormemente a la comunidad investigadora, así como a la clínica y a la Administración. Quizás el caso más representativo es el de los compuestos perfluorados y polifluorados (PFAS). Su empleo masivo en múltiples aplicaciones y procesos —desde los materiales antiadherentes en los utensilios de cocina, como las sartenes, hasta su presencia en todo tipo de ropa y textiles, pasando por su presencia en pesticidas y espumas antiincendio— los han convertido en el mayor ejemplo de estupidez legislativa y fracaso de la regulación en el área de la toxicología. Ahora se admite que estos PFAS son muy persistentes, es decir, que una vez incorporados al organismo, no sabemos cómo metabolizarlos y eliminarlos. Esto, unido a su carácter como disruptores endocrinos y metabólicos, los ha erigido en una preocupación de orden global con consecuencias sanitarias impredecibles y con un coste económico en gasto médico que resulta, sencillamente, inimaginable.

Una demostración de esta preocupación se evidencia en que, en la afamada lista de los mayores tóxicos, que está enumerada en el Convenio de Estocolmo sobre Contaminantes Orgánicos Persistentes, adoptado en 2001, ya se incluye un perfluorado (PFOA). Seguro que aumentará, porque los perfluorados y polifluorados del catálogo industrial son más de 12.000. En otras palabras, se trata de compuestos químicos habituales y enormemente extendidos en su uso que han merecido acompañar a la relación de la «docena sucia» —del inglés *Dirty Dozen*—, formada por contaminantes orgánicos persistentes (COP) que fueron identificados por el Programa de las Naciones Unidas para el Medio Ambiente (PNUMA) como especialmente peligrosos para la salud humana y el medioambiente. El Convenio de Estocolmo dio prioridad a la eliminación o restricción de estos compuestos por ser altamente tóxicos, persistir en el medioambiente, bioacumularse en los organismos vivos, transportarse a largas distancias por el aire, el agua o las especies migratorias, y biomagnificarse en las cadenas alimentarias. Volviendo a los PFAS, es interesante recordar que, al igual que otros miles de compuestos disruptores endocrinos y metabólicos, no nacen de las plantas ni brotan espontáneamente entre las rocas. Seguro que ya sabes que la mayoría de ellos, si no todos, son compuestos de síntesis orgánica y provienen del petróleo y del gas natural. Me gustaría que vieras los números oficiales de los despachos de las multinacionales del gas y del petróleo. Más del 16 % de su producción va a la llamada química fina, y cerca del 8 % se emplea en la fabricación de plásticos, ya sea de forma directa o indirecta. La previsión de crecimiento de la Unión Europea para el plástico que proviene del petróleo es abrumadora: en 2030 alcanzaremos los 600 millones de toneladas métricas anuales, que se multiplicarán por tres para el 2050. Sí, estás en lo cierto: ese año en que el Pacto Verde Europeo nos prometía una Europa saludable y sostenible va a ser una Europa de plástico.

Hordas de vendedores de petróleo fino salen a la calle cada día con sus carteras de representantes e invaden las redes con sus anuncios de las nuevas, fantásticas e innovadoras aplicaciones de los derivados del petróleo —aunque no mencionen nunca esa palabra malsonante y maloliente—. Estamos rodeados por sillas que parecen de madera, suelos que imitan el parqué, ropas que tienen el tacto de la seda, del lino o del algodón, perfumes que huelen como el jazmín y los alhelíes, gafas irrompibles, herramientas ligeras, pegamentos instantáneos y eternos, carcasas de ordenadores y móviles que se asemejan al metal y automóviles que casi se diría que son de verdad. ¿Creías que el petróleo era solo un combustible? Ja, ja. Si yo tuviese un pozo de oro negro no quemaría ni un solo litro, lo emplearía todo en llenar tu casa, tu colegio, tu hospital, tu ciudad y tu campo de objetos de consumo y de productos milagrosos, esos que matan bichos y hierbas y dejan tu olivar como el culito de un bebé.

Una parte sustancial del censo de disruptores endocrinos está constituida por compuestos que, de una u otra manera, forman parte del universo de los plásticos. Desde los monómeros como el bisfenol-A, que constituyen el polímero que conoces como policarbonato (por citar un ejemplo sencillo y trillado), hasta los aditivos del PVC, como es el caso de los ftalatos, que lo flexibilizan y lo hacen ponible en la camiseta con dibujos en relieve que le has comprado a tu hija. Pues bien, durante estos últimos seis años, la información sobre la presencia de fragmentos diminutos de plástico en el interior de los organismos vivos, entre ellos el cuerpo humano, ha crecido hasta niveles inimaginables. Hoy contamos con miles de publicaciones científicas sobre los microplásticos ambientales y la presencia de los micro y nanoplásticos en pulmón, hígado, placenta, riñón, cerebro, testículo, sangre y leche materna de humanos y animales (por citar los lugares más llamativos donde se han medido). Ahora, con toda esa información sobre la mesa, los mismos que han tardado treinta años en regular el BPA en las latas de conserva se preguntan: ¿serán dañinos los microplásticos? Es el cuento de nunca acabar. Es un no escarmentar. Es una desgracia.

Te contaré que no sabemos ni queremos desligar los riesgos inherentes a la exposición a los componentes del plástico del efecto tóxico de los fragmentos materiales que se han incorporado a tu organismo. A la hora de hablar de consecuencias adversas, ambos aspectos deben ser tenidos en consideración. Si hemos hablado hasta este momento de disrupción endocrina, ahora añadiremos efectos tales como disrupción metabólica, inflamación, estrés oxidativo o daño genómico, por poner algunos ejemplos de las consecuencias que en las publicaciones científicas ya se están asociando a la presencia de los microplásticos en órganos y tejidos. De nuevo, todo lo que sabíamos —o intuíamos— sobre el efecto combinado, o efecto cóctel, vuelve a las mesas de debate.

Seguramente recordarás que, en *Libérate de tóxicos*, ya habíamos criticado a la Administración porque no había tenido en cuenta el efecto tóxico de las bajas concentraciones de muchas sustancias químicas, definiendo valores seguros de exposición para muchas de ellas, cuando la consideración de un efecto combinado —múltiples residuos químicos en concentraciones subóptimas pueden actuar de forma sumatoria, aditiva o antagónica— invalida ese criterio de seguridad. ¿Cuántas sustancias en concentraciones bajas hacen una concentración alta? Es imposible de responder por el momento, pero se trata de una posibilidad que no se debe obviar. Ahora, con la toxicidad añadida de los micro y nanoplásticos actuando *in situ*, el asunto de la evaluación toxicológica individual vuelve a ponerse en entredicho.

Te daré un ejemplo que citamos en su momento en *Libérate de tóxicos* y que se refiere a un objeto de uso muy cotidiano: comentaba en el libro cuánto nos preocupaban las sartenes antiadherentes, que alcanzaban esa propiedad casi mágica de la antiadherencia gracias a la presencia de compuestos perfluorados (PFAS).[4] Pues bien, tienes que saber que ahora nos aseguran que algunos de estos compuestos han sido sustituidos por otros de la misma familia, pero que no son tóxicos.

¡Ay, que no me fío! La experiencia nos dice que las sustituciones no siempre son afortunadas; de hecho, en el medio científico y regulador, es popular la expresión «sustituciones lamentables» para los casos en que los compuestos químicos elegidos para sustituir a aquellos bajo sospecha de toxicidad son también un problema.

En resumen: la ausencia de conocimiento toxicológico no es sinónimo de inocuidad, simplemente quiere decir que no se ha evaluado la actividad tóxica de ese nuevo compuesto. Pues bien, y volviendo a las sartenes: ahora sabemos que el uso de las sartenes con un recubrimiento plástico no solo contribuye a la exposición a nuevos PFAS no regulados, sino que incluye, además, la exposición a microplásticos.

Ante esta ensalada de tóxicos, ¿cuál es mi consejo? Huye de los plásticos fritos. Y, si andas a la busca de una sartén antiadherente, mi opinión es clara: busca que sea de materiales no tóxicos y claramente inocuos, como pueden ser las de acero inoxidable.

Los estudios de monitorización de la presencia de contaminantes químicos en orina, sangre o leche materna, eso que llamamos «biomonitorización humana», y a lo que ya nos hemos referido con anterioridad, nos han enseñado que cualquier ciudadano europeo, con independencia de su país o lugar de residencia, ha estado expuesto a ciertos contaminantes cuya actividad hormonal está demostrada.[5] Además, a pesar de que aún son pocos los estudios que han relacionado esa actividad hormonal con una alteración en la fisiología hormonal que pueda dar lugar a enfermedades, muchos sí sugieren que existen momentos de mayor vulnerabilidad para provocar efectos indeseables en la vida de un individuo. Esos momentos vienen marcados en gran parte por el propio estado hormonal del individuo, por lo que los momentos de máxima señalización endocrina —como puede ser el desarrollo embrionario y fetal, el crecimiento infantil o la pubertad— son especialmente relevantes cuando hablamos de exposición a disruptores endocrinos y metabólicos. Es también por eso mismo por lo que gran parte de nuestras observaciones y estudios sobre efectos adversos se han centrado en la exposición materno-infantil y desarrollo puberal.

Se ha popularizado en estos años un mensaje que ya quisimos visibilizar en *Libérate de tóxicos*: protege los primeros mil días de la vida de cualquier ser humano.

Las cuentas son claras: 270 días de embarazo sumados a dos años de 365 días cada uno nos dan como resultado 1.000 días.

Esos mil días son, ni más ni menos, una oportunidad para hacer bien las cosas en un periodo determinante de la vida de la persona. Para ello, es necesario preservar las exposiciones ambientales de la madre y del recién nacido, contribuyendo también a la buena alimentación y ofreciendo los estímulos necesarios. Nuestras amigas Elisabet Silvestre y Elena Codina publicaron un libro precisamente titulado así, *Los primeros mil días*,[6] que se escribió con la intención de trasladar el conocimiento científico y clínico de dos expertas en infancia y en el medioambiente del hogar a los cuidados de la embarazada y del recién nacido. El objetivo está claro: mantener el desarrollo infantil lejos de exposiciones perturbadoras. Nada más y nada menos.

Ellas y nosotros partimos de la misma hipótesis, sólida y comprobada, que sostiene que los trastornos en el equilibrio hormonal provocados por la exposición a disruptores endocrinos y metabólicos tienen consecuencias en el desarrollo y la maduración de múltiples sistemas y aparatos del cuerpo humano, y que las consecuencias de esta exposición se manifiestan en forma de disfunciones que pueden ser evidentes, o bien de forma inmediata, o bien más tarde, incluso en la vida adulta, aunque el individuo haya estado expuesto en una edad temprana. Es fácil imaginar la gravedad de esta afirmación: por una parte, por el daño en sí mismo sobre el individuo en desarrollo; por otra, por la enorme dificultad a la hora de establecer una relación de causalidad entre la exposición temprana y un daño o enfermedad que se presenta en la edad adulta. Esta distancia temporal entre exposición y efecto da lugar a que, en muchas ocasiones, en el diagnóstico de la enfermedad en el adulto no se tenga en consideración, ni siquiera se sospeche, que pudiese estar vinculada a alguna exposición ocurrida en la infancia o en el vientre materno. Ante esta dificultad para establecer un vínculo, la mejor actuación es la prevención, tomando como ejemplo situaciones previas y siguiendo las recomendaciones del principio de precaución o cautela que tanto hemos reclamado.

Los trabajos de revisión más recientes que dibujan el cambio en el patrón y frecuencia de presentación de enfermedades comunes nos hablan de la necesidad de esa cautela que reclama este principio. Por ejemplo, la excelente revisión[7] sobre la incidencia de cáncer en la población estadounidense, con más de veintitrés millones de casos de cáncer revisados, señala que para la mayoría de las formas de cáncer hay un adelanto en la edad al diagnóstico, de tal manera que es más frecuente la probabilidad de cáncer de mama premenopáusico (antes de los 45 años) en una mujer nacida en el año 1980 que cumple los cuarenta en el 2020, que en una mujer nacida en 1940 que cumplió los cuarenta en el año 1980. Los autores del estudio señalan que el adelanto en la frecuencia y en la precocidad en el diagnóstico no se debe solo a una mejora en los sistemas de diagnóstico, ni tampoco a cuestiones vinculadas a la herencia o a los genes, sino que parecen ser factores ambientales y cambios en los hábitos los que aumentan la probabilidad de enfermar.

Las conclusiones de este y otros trabajos similares son muy relevantes: a este ritmo de incremento de la incidencia de cáncer, parecería que todos los individuos de la generación Z —así llaman a los nacidos en el siglo XXI— van a padecer cáncer. Es absolutamente necesario intervenir para que eso no ocurra. Si hay factores modificables en la causa de la enfermedad, identifiquémoslos y tratemos de corregir el desaguisado. Limitar la exposición a DE es factible y augura un mejor devenir en la salud de nuestras hijas e hijos.

Como verás, hablamos con demasiada frecuencia de exposición materno-infantil, de adelanto en la pubertad en las niñas, de problemas tiroideos en la mujer adulta y de cáncer de mama. Da la sensación de que la disrupción endocrina y metabólica quiere cebarse en la mujer. Y realmente es así. Es abrumadoramente mayor la información que recabamos sobre la exposición y efectos adversos en relación con la mujer que con el varón. Las razones son múltiples y se pueden justificar tanto desde el punto de vista fisiológico como social. No es este el momento de discutirlas, pero te aseguro que están bien justificadas. A este respecto, tengo que decirte que el libro que tienes entre las manos podría haberse llamado así: «Evitando la exposición a contaminantes químicos ambientales». O aún mejor: «Evitando la exposición a contaminantes químicos ambientales derivados del petróleo». O incluso mejor: «Evitando la exposición de la mujer joven a contaminantes químicos derivados del petróleo». Al final, propuse un título más sencillo, más directo, más concreto: «Hijas del petróleo», pero mi editora, sabiamente, me dijo que ni hablar. Sus motivos eran muy fundados: no debemos cerrar el foco. La exposición a los DE es cosa de todos. En mayor o menor medida, nos incumbe y afecta a todos. Tanto en el sentido de la forma en que podemos protegernos como en todo lo que tiene que ver con concienciarnos e informarnos e, incluso, reivindicar medidas y actuaciones concretas desde la Administración. Y tiene razón, porque las hijas del petróleo son las madres, las hermanas, las parejas de todos, y nadie está a salvo del peligro. Así pues, me conformo con un título mucho más genérico, pero que llegará a mucha más gente. Ese es, al fin y al cabo, mi objetivo. Difundir mi mensaje a cuantos más mejor. Espero que te resulte de interés.

PARTE 1

Disruptores endocrinos

Para la Agencia Europea de Sustancias y Mezclas Químicas (ECHA), los productos químicos sintéticos, omnipresentes en la sociedad moderna, ya conforman un censo de más de 250.000 componentes, aunque estimaciones más realistas lo cifran en cerca de 350.000 sustancias.[2] Aproximadamente 3.000 de estos productos químicos se utilizan en volúmenes superiores a un millón de kilogramos por año, lo cual les confiere un estatus especial por su difusión y empleo, ya que se encuentran en una gran variedad de productos de consumo de uso cotidiano, como los artículos de limpieza, los productos de cuidado personal o los materiales de construcción y de mobiliario; pero la cosa no se queda ahí: los productos químicos sintéticos también participan en la producción, elaboración y distribución de alimentos y son empleados en la formulación de productos farmacéuticos y en infinidad de procesos industriales.

Dentro de este gran universo de productos químicos de síntesis, se encuentran los DE, que son compuestos químicos que, una vez dentro de los organismos vivos —ya sean humanos o animales—, interfieren en el sistema hormonal, a pesar de no estar diseñados para ese propósito, e imitan, bloquean o alteran las hormonas endógenas. Como consecuencia, los DE pueden tener efectos perjudiciales en la salud humana o animal, ya sea en los individuos expuestos a ellos o en su descendencia. Estos efectos perjudiciales se manifestarán en forma de enfermedades hormonales de mayor o menor gravedad. Me gustaría recordarte que, desde 1992, año en que se acuñó el término «disruptor endocrino», el efecto que provocan los DE en nuestra salud ha sido explorado en relación con muy diferentes enfermedades y con muy diversos modelos experimentales. Todos estos estudios han demostrado que provocan daño endocrino tanto en humanos como en especies animales. En estos últimos años, también hemos visto (como hemos dicho al principio de este capítulo) cómo ha ido aumentando el censo de compuestos químicos que son DE. Así, se han incorporado nuevos compuestos con actividad endocrina y modulación metabólica, pero por fortuna también es mucho más amplio nuestro conocimiento sobre ellos y sobre sus mecanismos de acción de forma individual o combinada; de igual manera, también ha aumentado la información sobre los efectos provocados por la exposición humana por todas las vías a ellos, así como los estudios epidemiológicos en humanos que describen la asociación entre la exposición a DE y las enfermedades comunes, cuya presentación parece ser cada vez más temprana y frecuente.

Repasemos unos cuantos conceptos antes de entrar en materia:

El papel de las hormonas

Las hormonas son sustancias químicas producidas por las diferentes glándulas endocrinas. Actúan como mensajeros químicos que conectan diferentes órganos entre sí, lo que las hace indispensables para la regulación de muy diversas funciones fisiológicas (por ejemplo, regulan el crecimiento y el desarrollo de tejidos y órganos, e intervienen en la maduración sexual durante la pubertad) y para el mantenimiento del equilibrio interno del cuerpo, lo que conocemos como «homeostasis».

Las hormonas también controlan cómo el cuerpo utiliza y almacena energía, pues se encargan de regular procesos como el metabolismo basal, la digestión y el equilibrio de líquidos. Además, ayudan a mantener unos niveles adecuados de sales y minerales, lo que resulta esencial para el adecuado funcionamiento de los músculos y de los nervios.

Algunas hormonas influyen en la respuesta inmunológica del cuerpo, ya que afectan a la capacidad del sistema inmunológico para combatir infecciones y enfermedades. Por último, también pueden influir en el estado de ánimo, la respuesta al estrés y las emociones en general.

Para cumplir todas estas tareas, las hormonas «viajan» por nuestro cuerpo. Utilizan para ello el torrente sanguíneo, que las transporta desde las glándulas que las producen hasta los tejidos y órganos donde ejercen su acción. En cuanto llegan a su destino, el órgano objetivo, se ponen en acción y se unen a receptores específicos en las células que son el blanco de su acción. Es esta unión la que desencadenará una serie de respuestas biológicas, que pueden ir desde la expresión o represión de genes específicos hasta la activación de ciertas enzimas o la modificación de alguna función celular.

Mecanismos de acción de los disruptores endocrinos

La estructura química de los DE es muy variada, tanto como la de las propias hormonas. Existen muy diversos mecanismos de interferencia de los DE en el sistema hormonal, ya que estos pueden actuar como agonistas o imitadores hormonales cuando tienen una estructura química similar a la de las hormonas naturales. Debido a esta similitud, los DE pueden unirse a los receptores hormonales y activarlos de manera similar a como lo haría una hormona propia de nuestro organismo. Esto puede provocar respuestas anormales, desequilibrios hormonales en el organismo y efectos adversos.

También hay DE que, en vez de «imitar» a las hormonas, pueden bloquear o inhibir la acción de nuestras propias hormonas actuando como antagonistas. Estos DE bloquean la respuesta biológica normal del órgano receptor de las hormonas, lo que también puede tener efectos perjudiciales en el organismo.

Por último, algunos DE pueden afectar la producción, el

transporte, el metabolismo o la eliminación de las hormonas. Estos DE pueden influir en los procesos bioquímicos responsables de la síntesis o degradación de las hormonas, lo que puede llevar a niveles anormales de hormonas y alterar la función endocrina. Las observaciones clínicas y la epidemiología nos han permitido determinar que los efectos de la exposición a DE dependen del momento en que ocurre esta exposición, así como que estos efectos son diferentes en hombres y mujeres. Además, como los efectos de los DE están vinculados a la dependencia hormonal de cada tejido, estos efectos pueden ser distintos en diferentes órganos y sistemas. Esto es especialmente evidente cuando hablamos de la exposición a los DE mimetizadores de las hormonas sexuales tanto femeninas (estrógenos) como masculinas (andrógenos), ya que estas hormonas determinan las diferencias sexuales y están relacionadas con las circunstancias anatómicas, fisiológicas y de comportamiento que caracterizan la fisiología femenina y masculina.

Por último, la edad a la que nos vemos expuestos a los DE también puede influir en las consecuencias adversas que estos tengan en nuestra salud. Las exposiciones ocurridas durante el embarazo pueden desencadenar efectos muy distintos a las que tienen lugar en la edad adulta; esto es así porque el embrión o feto es extremadamente sensible al control hormonal. Lo mismo ocurre durante la infancia y en épocas de cambio y maduración, como la adolescencia y la maduración sexual, o durante el climaterio.

Efecto combinado (efecto cóctel) y bajas dosis

La exposición a los DE es un problema especialmente complejo debido a la enorme variedad de compuestos químicos empleados en cualquiera de las actividades diarias de prácticamente cada uno de nosotros. En nuestro día a día, no nos vemos expuestos a un único DE, sino más bien a mezclas complejas y heterogéneas de ellos, en muchas ocasiones en niveles de concentración relativamente bajos, pero que pueden interactuar entre sí de diferentes maneras. El resultado final es el efecto combinado, también llamado «efecto cóctel».

La definición más sencilla sería decir que el efecto cóctel es el atribuido a la actuación combinada de la mezcla compleja de los DE. Uno de sus grandes problemas es que el cóctel podría tener un impacto mayor que el producido por la suma de las concentraciones individuales de cada uno de los contaminantes, en caso de darse fenómenos de sinergia; o, por el contrario, ser de menor efecto al comportarse estos compuestos como antagónicos entre sí. Todas las posibilidades pueden contemplarse, por lo que los estudios sobre los efectos derivados de la exposición a los DE deben tener en consideración los riesgos del cóctel y no solo de los compuestos individuales. Por otra parte, si se admite el efecto combinado, la suposición de la ausencia de efecto para las bajas concentraciones de un compuesto de disruptores endocrinos puede ser completamente errónea, ya que todo va a depender de la coexposición con otros DE.

En otras palabras, la aceptación del efecto cóctel pone en entredicho la afirmación de que la exposición a bajas concentraciones de disruptores endocrinos está exenta de riesgo y sugiere, por el contrario, que cualquier concentración, por baja que sea, puede ser relevante para producir un efecto adverso si coincide con otros DE o con el fondo hormonal propio de cada individuo.

En resumen, los efectos adversos derivados de la exposición a contaminantes DE pueden estar relacionados con niveles bajos de cada uno de los compuestos de disruptores endocrinos en una mezcla, lo que dificulta enormemente el establecimiento de niveles de seguridad y muestra hasta qué punto es necesario tener en cuenta la exposición que ocurre tanto a niveles bajos como muy bajos de los contaminantes ambientales.

Efectos sobre la salud de los DE

Los DE pueden tener una amplia variedad de efectos en la salud humana y en la de especies animales. Ya hemos explicado que el sistema endocrino regula numerosas funciones corporales, entre las que se incluyen el desarrollo, el crecimiento, la reproducción, el metabolismo y el comportamiento, y sabemos que los DE pueden interferir con estas funciones y causar efectos adversos que se presentan ya sea de manera inmediata o tardía.

Entre los efectos adversos descritos en especies animales (peces, reptiles, pájaros, mamíferos) se incluyen: disfunción tiroidea, alteraciones en el crecimiento, aumento de la incidencia de problemas relacionados con el tracto reproductor masculino y femenino, disminución de la fertilidad, pérdida en la eficacia del apareamiento, anomalías del comportamiento, alteraciones metabólicas evidentes desde el nacimiento, desmasculinización, feminización, alteraciones del sistema inmune e, incluso, aumento en la incidencia de diferentes tipos de tumores.

En la especie humana, la investigación de los efectos de los DE está resultando mucho más compleja de lo que era previsible y ha desvelado aspectos de la biología del desarrollo hasta ahora desconocidos. Por ejemplo, los DE son capaces de intervenir tanto en la morfogénesis mamaria como en la formación del aparato genital masculino y femenino, y de igual manera lo hacen en el desarrollo y la maduración cerebral, poniendo en jaque, por tanto, el desarrollo del recién nacido. Es especialmente crítica la exposición a los DE durante el desarrollo, ya que pueden originar efectos irreversibles, generalmente no manifestados de inmediato y solo diagnosticables en la edad adulta. Aunque sutiles, estos efectos pueden derivar en graves consecuencias para el individuo que no se pueden revertir.

Otro dato preocupante es la certeza de que los DE pueden afectar a la función reproductiva tanto en hombres como en mujeres. En las mujeres, no solo pueden interferir en la ovulación y el ciclo menstrual, sino que sus repercusiones en el sistema reproductor femenino van desde la pubertad precoz hasta la reducción de la fecundidad, el síndrome de ovario poliquístico, resultados adversos del embarazo, endometriosis y tumores uterinos. La endometriosis alcanza ya al 10 % de las mujeres en edad reproductiva, a tal punto que un 30-40 % de las mujeres infértiles son diagnosticadas de endometriosis.

En los hombres, los DE pueden reducir la calidad del semen y disminuir la producción de espermatozoides, lo que conduce a infertilidad —es importante recordar que en España la media del contaje espermático ha caído más de un 30 % en 30 años, y que el varón es ya el responsable de la infertilidad de la pareja en cuatro de cada diez casos—. También pueden ser causa de malformaciones congénitas del tracto urogenital como criptorquidia (no descenso testicular) e hipospadias (posición anormal de la abertura de la uretra).

La exposición temprana a los DE se asocia con alteraciones en el desarrollo con déficits cognitivos y de conducta como, entre otros, el síndrome de hiperactividad, el déficit de atención y dificultad de concentración, la pérdida de memoria, la pérdida auditiva, la falta de coordinación motora, las dificultades en el aprendizaje, diversos grados del espectro autista... Según los expertos, asistimos a un incremento del diagnóstico de trastornos del espectro autista que sitúa la prevalencia en una de cada 89 personas en España.

Los DE tienen la capacidad de alterar los niveles y la actividad de cualquiera de las hormonas en el organismo, lo que puede conducir a desequilibrios hormonales capaces de afectar a la función de varios sistemas y órganos, como el sistema inmunológico, el sistema cardiovascular y el sistema nervioso. Algunos DE pueden afectar a la función de la glándula tiroides, lo que daría lugar a trastornos tiroideos como el hipotiroidismo o el hipertiroidismo. Esto a su vez tendría un impacto en el metabolismo, en el crecimiento y en el desarrollo normal (en este sentido, es importante recordar que la prevalencia del hipotiroidismo en España es cercana al 10 % en adultos, con un 14,4 % en mujeres y un 5,3 % en hombres).

Como ya hemos señalado, la exposición a algunos DE se ha relacionado con un mayor riesgo de desarrollar ciertos tipos de cáncer, como el cáncer de mama, de próstata y testicular. Esto se debe a que pueden provocar el crecimiento de células tumorales y alterar los mecanismos de regulación del crecimiento celular. El cáncer aumenta en España con una tasa del 2,3 % y 1,7 % anual en mujeres y varones, respectivamente. Esto supone que una de cada cuatro mujeres y uno de cada tres varones serán diagnosticados de cáncer antes de alcanzar los 72 años.

En el caso particular del cáncer de mama, el aumento anual desde 1984 es del 2,4 %, lo que supuso más de 34.000 nuevos casos en 2024.

Los DE se han asociado también con problemas metabólicos, como la obesidad y la resistencia a la insulina, que pueden aumentar el riesgo de desarrollar diabetes tipo 2 y enfermedades cardiovasculares. En la actualidad, en España, uno de cada seis adultos es obeso y uno de cada dos tiene sobrepeso, lo que significa que más del 50 % de la población tiene problemas de peso. Por otra parte, entre los mayores de 18 años, hay un 43 % de diabéticos tipo 2, que se traduce en más de cinco millones de pacientes diagnosticados y cerca de millón y medio de ciudadanos sin diagnosticar.

Por último, la encefalopatía miálgica —síndrome de fatiga crónica o síndrome de fatiga posviral (EM/SFC/SFPV)—, la fibromialgia y la esclerosis múltiple son enfermedades complejas de difícil diagnóstico que se agrupan bajo el nombre de «síndro-me de sensibilización central». Pues bien, para el desarrollo de todas ellas, la exposición ambiental a los DE parece ser crítica.

Censo de compuestos químicos DE y fuentes de exposición

Existen más de 250.000 compuestos químicos de síntesis reconocidos. Con tal cantidad, no es de extrañar que, de entre todos ellos, se hayan identificado unos 2.000 que pueden perturbar el equilibrio hormonal. En algunos casos, se trata de compuestos bien conocidos por su capacidad para acumularse y persistir en las cadenas tróficas, como es el caso de los compuestos orgánicos persistentes (COP), entre los que destacan por su actividad hormonal el DDT y algunos PCB. Otros, como los compuestos perfluorados como PFOS y PFOA, son de muy difícil eliminación por parte del organismo.

También existen contaminantes que no parecen acumularse en el organismo y que, incluso, son excretados con facilidad; sin embargo, su destacada presencia tanto en el entorno (como en el agua y en el aire) como en alimentos, cosméticos y objetos de consumo da lugar a un alto índice de exposición diaria a ellos.

Pero lo más importante de toda esta enumeración es que recuerdes que, como ya te he comentado, la mayor parte de los DE forman parte de mezclas más complejas porque se emplean como materia prima para la fabricación de otras sustancias, preparados u objetos. Por esta razón, encontramos DE en cosméticos (parabenos, benzofenonas), plásticos (bisfenoles, ftalatos, perfluorados), textiles (polibromados, organofosforados) y otros materiales sintéticos (alquilfenoles, derivados del estaño, metales y metaloides), y pesticidas (organoclorados, organofosforados, piretroides, carbamatos, etc.).

Esta presencia tan extendida hace que sea muy difícil identificar las fuentes de exposición y su prevención, y añade complejidad a la identificación de la causalidad dentro del paradigma toxicológico clásico de «un solo agente, una sola enfermedad».

Algunos de los DE más conocidos y mejor estudiados (agrupados en torno a la estructura química dominante) son los siguientes:

- **Bisfenoles**, como el bisfenol-A (BPA), que es el monómero del policarbonato y las resinas epoxi presente en plásticos, latas de alimentos, recipientes de almacenamiento y botellas de agua.

  El bisfenol-S (BPS) se usa como alternativa al BPA en algunos productos, como los plásticos (polisulfonato) y el papel térmico.

  El bisfenol-F (BPF) es otro sustituto del BPA que se halla en algunos productos plásticos como resinas epoxi y fenólicas; por ejemplo, la baquelita, que puede considerarse uno de los primeros plásticos comerciales.

- **Ftalatos**, como el ftalato de Di (2-etilhexilo) (DEHP), utilizado como aditivo en plásticos y en productos médicos y cosméticos.

  El ftalato de dibutilo (DBP) podemos encontrarlo en esmaltes de uñas, productos de cuidado personal y productos de limpieza.

El ftalato de dietilo (DEP) está presente en perfumes y productos de cuidado personal.

El ftalato de dimetilo (DMP) se usa en productos de cuidado personal, como desodorantes y lociones.

• **Alquilfenoles**, como el nonilfenol (NP) y el octilfenol (OP), empleados en productos industriales y en la formulación de detergentes, productos de limpieza y cremas espermicidas. También forman parte de este importante grupo los derivados etoxilados (APEO), de amplia utilización en detergentes y productos de limpieza.

• **Antimicrobianos y conservantes** como el triclosán, presente en la formulación de jabones, pastas de dientes y otros productos de cuidado personal. Y el triclocarbán, también empleado en jabones y productos de cuidado personal.

También se incluyen en este grupo, por su empleo en cosméticos, en la composición de medicinas y como aditivos en alimentos, el butilhidroxianisol (BHA) y el butilhidroxitolueno (BHT).

• **Parabenos**, compuestos de muy extensa utilización en productos cosméticos y de cuidado personal, como cremas y lociones.

• **Filtros ultravioleta**, como las benzofenonas (BP), presentes en cosméticos, productos de cuidado personal y otras muchas formulaciones; o los salicilatos, oxicinamatos y canfenos, también empleados en productos cosméticos.

• **Compuestos organoestánicos**, como el tributilestaño (TBT), que se encuentran en algunos plásticos, en productos electrónicos y, sobre todo, en recubrimientos de superficies externas de barcos o internas de tanques de agua.

• **Compuestos organoclorados** (OC), un gran grupo dentro de los DE, prohibidos muchos de ellos y regulados por el Convenio de Estocolmo para compuestos orgánicos persistentes (COP), ya sean las dioxinas, contaminantes ambientales producidos por procesos industriales y por la quema de productos químicos que contienen cloro; los bifenilos policlorados (PCB), que son sustancias químicas industriales utilizadas en equipos eléctricos, aislantes y lubricantes; el monómero del cloruro de polivinilo, un compuesto organoclorado de uso frecuente en la producción de plásticos tipo PVC; el hexaclorobenceno (HCB), con el que se producen pesticidas y productos químicos industriales; los pesticidas organoclorados, que incluyen DDT, hexaclorociclohexano (HCH) o lindano, clordano, clordecona, aldrín y endrín, y muchos otros, todo ellos selectos invitados del grupo llamado «la docena sucia».

- **Compuestos organobromados** (PBB y PBDE). Se usan como retardantes del fuego para evitar la ignición; también en muebles, en productos electrónicos y en materiales de construcción. Entre ellos, se encuentran el tetrabromobisfenol-A, que deriva del BPA y los PBDE.

- **Compuestos organofosforados**, ya sean en forma de pesticidas organofosforados (como es el caso del clorpirifós, diazinón, malatión y otros utilizados en la agricultura) o como retardantes de la llama organofosforados clorados añadidos a plásticos y textiles.

De todos los DE que acabamos de citar, vale la pena que nos detengamos especialmente en algunos tristemente famosos: los compuestos perfluorados.

Compuestos perfluorados (PFAS)

Los perfluorados conforman una familia de más de 12.000 compuestos químicos sintéticos del mayor interés como DE. Se incluyen en esta categoría tanto los compuestos perfluorados como los polifluorados, todas ellas sustancias presentes en cientos de materiales, ya que dan la propiedad de repelencia al agua y a la grasa de los textiles, y convierten superficies metálicas y plásticas en antiadherentes.

Los perfluorados (PFAS) se caracterizan por la presencia de enlaces de carbono y flúor, que les confieren una notable estabilidad y resistencia a la degradación, lo que se traduce en una enorme persistencia medioambiental. La resistencia térmica y química, así como su capacidad para repeler el agua y las grasas, y su enorme estabilidad, han propiciado su uso en una gran variedad de aplicaciones industriales y productos de consumo. En la industria textil, los PFAS se utilizan para fabricar ropa impermeable y resistente a manchas; en la industria alimentaria, se emplean en envases que previenen la filtración de aceites y líquidos, y en utensilios de cocina como las sartenes antiadherentes; y en la industria aeroespacial y automotriz, se aplican en componentes que requieren alta resistencia al calor y a productos químicos, así como en las espumas para la extinción de incendios y muchos productos de limpieza, pinturas y cosméticos.

La estructura química de los PFAS les confiere una notable resistencia a la degradación natural, biológica, química y fotoquímica, lo que ha llevado a su acumulación en el medioambiente y en organismos vivos. Numerosos estudios han detectado su presencia como contaminantes en aguas subterráneas, suelos, sedimentos, aire y tejidos biológicos de diversas especies, entre las que se incluye la humana. Esta ubicuidad se debe a su capacidad para transportarse a largas distancias a través del aire y del agua. La bioacumulación de PFAS en la cadena alimentaria es particularmente preocupante, ya que puede conducir a concentraciones más altas en organismos de niveles tróficos superiores, incluyendo peces y mamíferos, lo que aumenta el riesgo de exposición humana a través del consumo de alimentos contaminados.

La exposición prolongada a ciertos PFAS se ha asociado con diversos efectos adversos para la salud humana. Investigaciones epidemiológicas los han vinculado con hepatotoxicidad, toxicidad en el desarrollo y comportamiento, toxicidad reproductiva, inmunotoxicidad y, especialmente, como disruptores endocrinos y metabólicos. Además, se ha observado una correlación entre niveles elevados de PFAS y un incremento en el riesgo de ciertos tipos de cáncer, como el de riñón y el de testículo; y en el campo de las hormonas, con alteraciones en los niveles de colesterol y con las enfermedades tiroideas. Estudios recientes también han indicado que la exposición prenatal a PFAS puede afectar negativamente el crecimiento y desarrollo fetal, lo que subraya la necesidad de una evaluación continua de los riesgos asociados a estas sustancias. Mi grupo de trabajo ha señalado que la exposición a PFAS está relacionada con efectos adversos en la salud reproductiva, incluyendo alteraciones en la pubertad y el desarrollo de enfermedades relacionadas con la reproducción.

En respuesta a los riesgos asociados con las PFAS, diversas entidades reguladoras han implementado medidas para limitar su producción y uso. La Unión Europea ha tomado acciones significativas en este ámbito. Por ejemplo, el ácido perfluorooctano sulfónico (PFOS) ha sido restringido en la UE desde hace más de diez años a raíz de la regulación del Reglamento de Contaminantes Orgánicos Persistentes (COP). Además, el Convenio de Estocolmo regula la eliminación global del ácido perfluorooctanoico (PFOA), sus sales y compuestos relacionados. Más recientemente, la UE ha propuesto restricciones más amplias que podrían llevar a la prohibición de miles de PFAS en diversos productos de consumo. Estas regulaciones buscan minimizar la exposición a PFAS para proteger tanto la salud pública como el medioambiente.

No obstante, todo este proceso regulador puesto en marcha para la eliminación de PFAS del medioambiente se enfrenta a desafíos de muy diversa índole, especialmente vinculados a la enorme estabilidad química de los compuestos, pero también al amplio uso actual de estos compuestos y a la búsqueda efectiva de sustitutos en cada uno de sus usos.

Mientras se da con soluciones de tipo regulador que traten de remediar el grave problema ocasionado por los PFAS persistentes, presentes en todos y cada uno de los habitantes de la UE, como demuestran los estudios de biomonitorización humana, es necesario dar a conocer su presencia y toxicidad tanto entre la población general como entre los sanitarios encargados de velar por la salud de las poblaciones, y promocionar actividades y hábitos entre la población para promover que se reduzca su exposición.

Implicaciones económicas de la exposición a DE

En Europa se ha hecho un esfuerzo particularmente importante para poner en números el gasto sanitario derivado de los efectos adversos de la disrupción endocrina. El pediatra estadounidense Leonardo Trasande, líder de un prestigioso grupo de expertos internacionales, ha publicado desde 2016 varios informes en los que, siguiendo las recomendaciones y metodología de la Organización Mundial de la Salud para el Grading of Recommendations Assessment, Development and Evaluation (GRADE) Working Group, ha evaluado el coste global de un grupo seleccionado de enfermedades y disfunciones endocrinas, así como el coste correspondiente a la proporción de casos en los que la exposición a DE juega un papel causal en estas. El grupo de enfermedades abarca situaciones tan variadas como la pérdida de Coeficiente Intelectual (IQ) y la afectación intelectual asociada al autismo y a los trastornos de hiperactividad y de déficit de atención, pasando por enfermedades propias de la mujer, como la endometriosis o los fibromas uterinos, y específicas del varón, como el criptorquidismo, la infertilidad masculina y la mortalidad asociada con la reducción de los niveles de testosterona y el correspondiente síndrome metabólico. En cuanto a enfermedades comunes a ambos sexos, se pueden citar, entre ellas, la obesidad infantil y la obesidad y diabetes en adultos.

Es decir, hay un grupo muy amplio de situaciones patológicas muy comunes que se han asociado de una u otra manera a la exposición a DE. Los informes han estimado que ocasionan un coste de cerca de 160.000 millones de euros al año en la UE (1,28 % del PIB) y destacan que el cálculo, probablemente, subestima la realidad debido a la falta de información relacionada con todos los problemas endocrinos seleccionados, algunas suposiciones y varias generalizaciones, y al hecho de que algunas cifras contemplan el gasto para el sistema público de salud, pero no incluyen el coste para las familias, los cuidados o las jornadas de trabajo perdidas para las empresas.

No es fácil hacer una estimación precisa del gasto ocasionado por la carga de enfermedad atribuible a la exposición a los DE; entre muchas otras cosas, porque los problemas que se atribuyen a estos incluyen un amplio abanico de dolencias, desde la obesidad, diabetes tipo 2 o trastornos hormonales hasta los problemas neurológicos y reproductivos. Recordemos que la estimación del coste total solo para las enfermedades endocrinas se estima en 636.000 millones de euros, de los cuales no menos del 5 % (31.000 millones de euros) podrían atribuirse directamente a la exposición a los DE.[8]

En el amplio abanico de enfermedades puramente endocrinas y hormonales en general, habrá que considerar que los costes en salud son muy variados y comprenden la atención médica, el diagnóstico, el tratamiento y manejo de las condiciones de salud relacionadas y, también, los gastos de consultas médicas regulares e, incluso, las hospitalizaciones y tratamientos especializados.

Pero, además de los costes directos en atención médica, habría que tener en cuenta la disminución de la productividad laboral, ya que las personas afectadas por condiciones de salud crónicas pueden tener dificultades para trabajar a pleno rendimiento y ello podría tener un impacto económico a nivel individual y social. Por último, estas estimaciones deberían tener en cuenta también los efectos e implicaciones a largo plazo en la salud de los individuos expuestos cuando se considera la exposición temprana y el desarrollo infantil.

Plásticos, microplásticos y nanoplásticos

Los plásticos son polímeros complejos sintéticos o semisintéticos derivados fundamentalmente del petróleo, del gas natural y de los combustibles fósiles. Están constituidos por los monómeros, que son como las cuentas de un collar. Los monómeros forman redes o polímeros, a los que se les añaden ciertos aditivos químicos que les dan gran parte de sus propiedades —muchas veces extraordinarias y sorprendentes, como flexibilidad, resistencia al calor, impermeabilidad o durabilidad— para conformar finalmente el aspecto acabado de los miles de objetos de plástico que nos rodean, desde una fiambrera hasta el mango de un cepillo del pelo.

El incremento constante de la síntesis del plástico se ha visto favorecido por el precio tan competitivo del producto final frente a materiales naturales como los metales, el vidrio, la madera, el marfil o el algodón y la seda, por citar algunos ejemplos. Además, frente a muchos de ellos, el plástico añadiría cualidades extra, como densidad, fuerza, ligereza, durabilidad y resistencia a la corrosión. Gracias a su bajo precio y a estas propiedades, los plásticos se han presentado como los grandes sustitutos de otros materiales tradicionales en sectores tan variados como la construcción, la industria textil, la electrónica y miles de productos de consumo.

Dado su amplio y creciente empleo, la contaminación ambiental por plásticos a nivel mundial es un importante problema de salud, debido a su persistencia y a la deficiente gestión del fin de vida de muchos de los productos hechos de plástico, Nosotros revisamos estos aspectos en una *Guía para profesionales*.[9] Como los plásticos son muy resistentes a la degradación química y biológica, y ocupan de manera amplia el medioambiente —agua, aire y suelo—, acaban alcanzando la cadena alimentaria, lo que facilita su ingestión por parte de los seres vivos. Ya sea porque están diseñados en tamaños microscópicos, o porque los plásticos de mayor tamaño se fragmentan, lo cierto es que ambientalmente nos encontramos rodeados de fragmentos de plásticos de diferente tamaño, que conocemos como mesoplásticos, microplásticos (MP) y nanoplásticos (NP).

La exposición humana a micro y nanoplásticos —generalmente identificados como MNP— puede provocar efectos no deseables, debido tanto a su composición química como al «efecto de cuerpo extraño» al interactuar con mucosas, órganos y tejidos. Por esta razón, se han descrito fenómenos de toxicidad que abarcan desde la disrupción del sistema hormonal y del metabolismo hasta el estrés oxidativo y la inflamación, que pueden conducir a enfermedades de muy diversa índole.

Por otra parte, los plásticos abandonados en el medioambiente pueden servir como núcleo de depósito de otros contaminantes ambientales de difícil degradación. Así, por ejemplo, es frecuente encontrar trabajos científicos que estudian la contaminación de los plásticos por hidrocarburos aromáticos policíclicos (PAH), metales pesados y COP, que pueden alcanzar concentraciones en el plástico hasta un millón de veces superiores al medio acuático en que se encuentran. Este fenómeno no solo añade complejidad a la exposición a los plásticos, sino que también dificulta la reutilización de los materiales plásticos recuperados para su uso como materia prima para nuevos productos. La certificación obligatoria de su seguridad como materia base segura se está viendo muy comprometida dentro del contexto de la economía circular.

Otro de los fenómenos que está cobrando más importancia con relación a los micro y nanoplásticos y su toxicidad es el hecho de que los plásticos son rápidamente colonizados en el ambiente por diferentes comunidades microbianas, lo que se conoce hoy día como la «plastisfera». Este fenómeno implica que, al igual que los micro y nanoplásticos se pueden incorporar a los organismos por vía digestiva y pasar a otros tejidos, los microorganismos que los colonizan también lo harán. Así, los MNP (micro y nanoplásticos) serían, de alguna manera, los «caballos de Troya de la microbiota».

La conclusión es evidente: los MNP se convierten en vehículos para la colonización y diseminación de bacterias, virus y hongos tanto en el medioambiente como entre los seres vivos.

Tipos de plástico

La producción de plásticos supone ya cerca del 8 % de la producción global del petróleo y otros combustibles fósiles si se tiene en cuenta tanto la materia prima para la síntesis como la energía empleada para su manufactura. La tasa de producción ha ido en aumento progresivo, hasta alcanzar cifras que rondan los 400 millones de Tm en 2024, con unas previsiones de triplicar los 600 millones de Tm previstos para 2030 y los 1.800 millones de Tm para el 2050. En la UE, la fabricación de envases y el sector de la construcción representan, con mucho, los principales mercados de uso final de plásticos, seguidos muy de cerca por el uso en la industria textil y la industria del automóvil.

Hay tres grandes categorías de plásticos:

- **Termoplásticos**, que se ablandan al calentar y se endurecen al enfriar.
- **Plásticos termoestables**, que nunca se ablandan una vez que han sido moldeados.
- **Elastómeros**, que están hechos de un material que puede volver a su forma original después del estiramiento.

De los más de cuarenta tipos de plásticos de uso comercial, tú puedes identificar algunos por el número incluido en el símbolo internacional de reciclaje (triángulo de Moebius). En ellos, el polietileno (PE) ocupa el primer lugar en el *ranking* de producción con una cuota de mercado del 30 %, seguido por el polipropileno (PP), con cerca del 20 %, y el cloruro de polivinilo (PVC), con el 11 % de cuota.

La serie identificada con el triángulo de reciclaje se completa con el tereftalato de polietileno (PET), tan popular en tu botella de agua de un solo uso, el poliestireno (PS) y el policarbonato (PC).

Otros muchos plásticos no son tan fácilmente identificables por el consumidor al no estar marcados con el signo y la numeración, como es el caso del poliuretano (PU), la poliamida (PA), el poliéster (PES), el rayón (PAA), las resinas epoxi (RE), el polimetacrilato (PMA), el polioximetileno (POM), el alcohol polivinílico (PVA), el etileno vinil acetato (EVA), el acrilonitrilo butadieno estireno (ABS), el poliacrilonitrilo (PAN) y la polimetil acrilamida (PAA). De muchos de ellos, hablaremos más adelante.

Si nos centramos en el polietileno, tanto el de baja densidad (LDPE) como el de alta densidad (HDPE), se utiliza en la producción de films de plástico para bolsas, envoltorios y contenedores de alimentos, pajitas, juguetes, tuberías de riego, espuma de embalaje, envoltorios y cables eléctricos, entre otras muchas aplicaciones.

Un derivado del polietileno, el PET (tereftalato de polietileno) se utiliza como sustituto del vidrio para todo tipo de botellas y envases para líquidos y alimentos, pero también forma parte, desde hace décadas, de los textiles, pues se usa en la fabricación de ropa en forma de poliéster (PES). De hecho, materiales históricos como el Tergal, la Terlenka o el Tervilor, nombres que pueden sonarte, propiciaron el empleo de fibras sintéticas en tu ropa y desplazaron a la lana, al algodón, al lino o a la seda.

El polipropileno (PP) te sonará por su empleo en la fabricación de biberones, como sustituto del temido policarbonato (PC), pero también se emplea en piezas para maquinaria y en equipos y dispositivos médicos y en textiles.

El PVC (cloruro de polivinilo) se utiliza principalmente en la construcción, como esas ventanas que acabas de instalar; igualmente, es común encontrarlo en persianas, estructuras, tuberías de agua y suelos sintéticos. Pero no acaba ahí su uso: también está presente como aislamiento de cables eléctricos y films adhesivos, y en envases de cosméticos y alimentos.

Por último, el poliestireno (PS) se utiliza en materiales de construcción, artículos electrónicos, materiales moldeables y, muy especialmente, para la producción de platos y vasos desechables, bandejas de carne, cartones de huevos y contenedores de comida para llevar. Seguro que, en tu cesta de la compra, lo llevas y, en tu frigorífico, acumulas unas cuantas bandejas que contienen seis tristes e insípidos tomates provenientes de la agricultura industrial, esa que te proporciona comida estéril a precio de saldo.

Es cada vez más común oír hablar de los plásticos de base biológica o bioplásticos, que dicen provenir de recursos renovables —ya sean residuos agrícolas o forestales— o de cultivos específicos, como la caña de azúcar o el maíz.

El término «bioplástico» se utiliza también para referirse a los plásticos que son biodegradables, lo que ha generado cierto grado de confusión, ya que no todos los bioplásticos son biodegradables. Algunos plásticos de base biológica, como los poliláctidos (PLA) sí son degradables, pero es la estructura química del plástico la que determina cómo se degrada, y esto es independiente de si su origen es una planta vegetal o un combustible fósil. Por otra parte, muchos plásticos biodegradables por compostaje requieren condiciones específicas para degradarse en su totalidad, como ciertas temperaturas que solo se alcanzan en instalaciones industriales de compostaje, por lo que la gestión de este tipo de residuos debería tener en consideración esta limitación. Más adelante, tendremos ocasión de hablar de las dificultades de separación de plásticos compostables y no compostables cuando todos van a parar a los mismos contenedores de recogida de residuos. Una pesadilla para el gestor de residuos.

Aditivos de los plásticos

Te comentaba que, junto a los monómeros (o unidades básicas de polímero plástico), se emplean para la fabricación del producto final una gran variedad de aditivos que tienen como objeto mejorar sus propiedades y prestaciones, y proporcionar las cualidades deseadas. Entre componentes estructurales y aditivos, se reconocen más de 10.000 productos químicos distintos, de los que cerca de 2.400 están identificados como sustancias preocupantes, ya sea por su toxicidad, por su persistencia ambiental o por su difícil degradación. Un ejemplo paradigmático es el monómero bisfenol-A (BPA) utilizado en la producción de plásticos de policarbonato y en resinas epoxi, y también como plastificante en otros polímeros plásticos de polipropileno, polietileno y PVC. Esta gran utilidad supone una producción anual que alcanza los diez millones de Tm, dada su demanda a nivel mundial.

Muchas de las grandes fábricas de BPA se sitúan en las proximidades de las refinerías de petróleo por su enorme dependencia de la materia prima que es ese combustible. Además, es fácil ver cómo los grandes consumidores de BPA y sus polímeros resultantes buscan la proximidad a los lugares de producción. Cuando tengas ocasión, viaja de Cartagena a Alhama de Murcia y de ahí a Daimiel, y verás la cadena de industrias que destilan petróleo y lo transforman en resinas que acaban formando parte de la pala de un aerogenerador que tú tienes por energía sostenible sin apenas coste ambiental, si no fuese porque no sabes dónde acabarán los molinos cuando termine su vida útil.

Como era de esperar, dadas las amplias y variadas aplicaciones del BPA, este compuesto químico ha alcanzado el organismo humano. Lo sabemos porque se encuentra en la orina de casi la totalidad de la población europea con independencia de su localización geográfica, sexo o edad.

Como ya te he comentado, la mayor preocupación inherente a la exposición humana al BPA es su consideración como DE, es decir, con capacidad para interferir con la síntesis, secreción, transporte, metabolismo, unión o eliminación de las hormonas naturales del organismo que son responsables de la homeostasis, la reproducción y los procesos de desarrollo. Debido a esto, el rosario de prohibiciones de sus usos comenzó en 2011 —cuando la UE lo sacó de la fabricación de biberones de policarbonato—, continuó con su limitación en la fabricación de envases para alimentos infantiles en 2018 y, más tarde, le tocó el turno a los *tickets* de caja, esos recibos que no necesitan tinta de impresión cuando salen de cajas de supermercado o lectoras de tarjetas de crédito y que tú primorosamente has guardado en tu cartera o monedero por si tenías algo que reclamar. Más recientemente, el BPA se ha caído del recubrimiento interior de las latas de conserva que emplean una resina epoxi.

Los aditivos de los plásticos son tanto o más preocupantes que el BPA. Estos pueden agruparse en las siguientes categorías:

- **Aditivos funcionales:** entre ellos, se encuentran estabilizantes, lubricantes, agentes antiestáticos, retardantes de llama, plastificantes, agentes deslizantes, agentes de curado, agentes espumantes y biocidas.

- **Aditivos colorantes:** pigmentos y azocolorantes solubles.

- **Cargas inertes del plástico:** talco, caolín, arcilla, mica, carbonato de calcio y sulfato de bario.

- **Aditivos de refuerzo:** fibras de carbono y de vidrio.

¡Y tú creías que, con las letras impresas de PE, PP o PS, lo sabías todo acerca de tu botellín de plástico!

Además de los aditivos mencionados, dada la toxicidad de algunos compuestos en particular, es interesante mencionar el empleo de ciertos compuestos químicos que enumeraré a continuación: benzofenonas, benzotiazoles, triazinas y benzoxazinonas.

Se usan como estabilizadores de la acción de la radiación de los rayos UV sobre los plásticos y algunos de ellos están claramente registrados como DE, como es el caso de las benzofenonas y de algunos de los compuestos organoestánicos (butilo, fenilo, metilo y octilo de estaño) que se utilizan también como estabilizadores del calor y de la luz en el PVC. Del mismo modo, las sales de amonio cuaternario se utilizan como agentes antiestáticos en los plásticos.

Todos estos aditivos pueden estar presentes en el producto final a concentraciones de hasta el 20 % en peso (en algunos casos, alcanzan hasta el 70 % del peso total), por lo que no es despreciable su contribución al peso final del producto y su consideración en la exposición inadvertida de las personas a DE. Desafortunadamente, como consumidores, no podemos saber, por el momento, qué aditivos tiene ninguno de los plásticos que consumimos, a no ser que luzcan un publicitario cartel del tipo: «libre de PFOA», «libre de ftalatos» o «libre de BPA».

Entre los aditivos toxicológicos de interés, se encuentran también los retardantes de llama bromados, como los éteres de polibromodifenil (PBDE), el hexabromociclododecano (HBCDD) y el tetrabromobisfenol-A (TBBPA), utilizados para reducir la inflamabilidad de los plásticos.

Los dos primeros, los éteres de polibromodifenil y los hexabromociclododecanos, han sido legislados dentro de la Convención de Estocolmo —esa que procura eliminar de tu ambiente productos tóxicos y persistentes— debido a sus efectos nocivos sobre la salud y a su acción de disrupción endocrina. Para llevar a cabo esta eliminación, han sido sustituidos por otros retardantes de la llama supuestamente menos peligrosos, como el 1,2-Bis(2,4,6-tribromofenol)etano (BTBPE), el decabromodifeniletano (DBDPE) y el hexabromobenceno (HBB).

Como retardantes del fuego, se utilizan ahora los ésteres de organofosforados como, por ejemplo, el tri-n-butilo fosfato (TnBP), que también son plastificantes y dan flexibilidad y maleabilidad a los plásticos. Ya hablaremos de ellos cuando, en una tarde tórrida de verano, abras tu coche recién estrenado aparcado al sol y sientas ese envolvente «olor a coche nuevo» que tanto gusta.

He dejado para el último lugar el grupo de los ftalatos, entre los que se encuentra el archiconocido di(2-etilhexil)ftalato (DEHP), uno de los plastificantes más utilizados, principalmente en el PVC, lo cual ensombrece aún más este tipo de material ya de por sí señalado por el impacto de su proceso de fabricación y la pésima gestión de su residuo.

Cada año se consumen 7,5 millones de toneladas de plastificantes en el mundo, y el DEHP representa el 37% del mercado. Debido a la preocupación por los efectos que puede causar en la salud, incluida su actividad como DE, el DEHP ha sido reemplazado gradualmente por otros ftalatos, como el de diisononilo (DiNP), el de diisodecilo (DiDP) y el de di(2-propilheptilo) (DPHP), que representaban en conjunto el 57% del consumo de plastificantes en Europa en 2015. Sin embargo, la seguridad biológica de estos nuevos ftalatos también se ha puesto en entredicho al conocerse su actividad como DE.

Cierran la lista de aditivos plastificantes comunes otros ésteres como adipatos, azelatos, citratos, benzoatos, ortoftalatos, tereftalatos, sebacatos y trimelitatos. Para hartarse.

Como te decía, la compleja composición de cualquier plástico manufacturado determina que no solo la contaminación humana por los fragmentos de plástico generados (micro y nanoplásticos) sea un problema medioambiental, sino que cada uno de estos fragmentos puede liberar aditivos y sustancias químicas que se han incorporado durante su producción o a su paso por el medioambiente.

Todos los aditivos que hemos mencionado pueden disolverse y separarse de los residuos de plástico (también de los micro y nanoplásticos) y liberarse al medioambiente. De hecho, se estima que cada año se liberan entre 35 y 917 Tm en los océanos, y son los PBDE, los ésteres de ftalato, nonilfenol y BPA, los componentes del plástico y aditivos que más y en mayores cantidades se identifican.

La exposición humana a algunos de estos compuestos como ftalatos, bisfenoles, alquilfenoles, filtros UV, organoestánicos, benzotriazoles y retardantes de llama bromados es bien conocida, y sus consecuencias para la salud a través de diferentes mecanismos de acción está perfectamente estudiada.

No es objetivo de este capítulo revisar la toxicidad de todos estos componentes, pero sí recordar que la exposición a micro y nanoplásticos favorece también la exposición a cada uno de sus componentes y, por ende, a su toxicidad y efectos nocivos sobre la salud. Se han publicado algunas guías para evitar la exposición a plásticos, la nuestra se encuentra albergada en el sitio web de OSMAN (Observatorio de Salud y Medio Ambiente de Andalucía) de la Consejería de Salud y Consumo de la Junta de Andalucía, y su descarga es libre.[10]

Plásticos en el medioambiente

Los MNP (recordemos que usamos estas siglas para referirnos a micro y nanoplásticos) se clasifican en dos grandes grupos dependiendo de su origen y de la forma en que llegan al medioambiente:

- **MNP primarios:** serían los que se fabrican deliberadamente de tamaño menor para su uso en muy diferentes aplicaciones: por ejemplo, microperlas en limpiadores o exfoliantes faciales, geles de ducha, estropajos para lavar la vajilla, o microfibras en ropa para paños de cocina y toallas.

- **MNP secundarios:** provienen de la degradación por exposición a la intemperie de polímeros de plástico mayores, que se fragmentan por procesos de erosión, abrasión, corrosión, fotooxidación química y transformación biológica.

Sea cual sea su origen, los MNP se clasifican también en función de su forma y aspecto microscópico. Así, tendríamos: microfibras, fragmentos, espumas, bolitas, perlas y microperlas.

Hay cierto desacuerdo en cuanto a la distinción de los MNP en función de su tamaño ya que, al tratarse en muchos casos de fragmentos irregulares o fibrilares, los diámetros pueden ser muy diferentes. No obstante, hablamos de la siguiente clasificación:

- **Microplásticos** (MP), cuando tienen un tamaño comprendido entre 1 y 5.000 micrómetros (µm), es decir menores de 5 mm.

- **Nanoplásticos** (NP), cuando tienen un tamaño entre 0,001 y 1 µm.

La Agencia Europea de Sustancias y Mezclas Químicas (ECHA) matiza que, en el caso de los microplásticos en forma de fibra, las dimensiones habituales para los fragmentos pueden incluir también longitudes entre 0,3 µm y 15 mm, con una *ratio* de diámetro superior a 3. Esto es importante dada la enorme presencia ambiental de MP fibrilares provenientes de la degradación de los textiles.

Las enormes cantidades de plástico presentes en el medioambiente no solo se deben al aumento en la demanda y producción, próxima a los 400 millones de Tm anuales, sino también a las dificultades en su eliminación, degradación o reciclaje, proceso que se ha mostrado claramente ineficaz. Por ejemplo, se calcula que las botellas de agua de PET (tereftalato de polietileno) tardan en degradarse cerca de 450 años; y los pañales, formados por varios materiales plásticos, pueden tardar más de 500 años en alcanzar su completa degradación. En otros casos, el tiempo necesario para su degradación completa es aún mayor, ya que las espumas de poliestireno podrían perdurar en el ambiente miles de años. Es más, los geólogos ya han identificado arenas y rocas fundidas que incorporan materiales plásticos en su composición, y clasifican estas nuevas especies minerales con los esperpénticos nombres de plastiglomerados, plasticostras y antropoquinas. Pronto lo enseñarán en las escuelas.

En la actualidad, la Unión Europea estima que más de un tercio del plástico consumido se envía a instalaciones de reciclaje dentro y fuera de la propia UE. Cerca del 23 % acaba en los vertederos y más del 40 % se usa en operaciones de producción de energía, la llamada «recuperación energética», que no es más, al fin y al cabo, que derivar a la incineración un material complejo, posiblemente tóxico y con un gran impacto ambiental. Determinados usos de los plásticos están siendo sometidos a regulación más estricta para evitar su liberación medioambiental. La enumeración de los sectores más afectados en el contexto de la Ley de Residuos y suelos contaminados española, que prohíbe su uso u obliga a la identificación en el etiquetado, proporciona una idea sobre su empleo en cosméticos de lavado y no lavado, en productos fitosanitarios —como cápsulas en suspensión o semillas recubiertas—, en detergentes en microcápsulas, ceras y abrillantadores, en productos de la construcción —como el hormigón—, en productos medicinales y complementos alimenticios, y en pinturas de impresión tridimensional y en tintas.

Hijas del petróleo

Como te he ido comentando, las exposiciones tempranas a contaminantes ambientales que tienen lugar durante el embarazo y la lactancia son especialmente preocupantes, no solo por la mayor susceptibilidad del embrión, feto o bebé en fases tempranas del desarrollo a los efectos de los DE, sino también por la contribución de la madre a estas exposiciones. Recuerda que, a través de la placenta, el embrión y el feto se exponen tanto a la carga de compuestos DE bioacumulados en la madre, por ser persistentes, como a los contaminantes que acceden a la madre en tiempo real durante el embarazo.

Sabemos mucho sobre la movilización durante el embarazo de los contaminantes grasos (lipofílicos) acumulados en el cuerpo de la madre. De hecho, los embarazos contribuyen a la «limpieza» que supone la transferencia de esa carga tóxica al feto, a la placenta o a las estructuras que la acompañan. Suena duro, pero nuestro organismo funciona así: durante el embarazo, se transfieren cientos de cosas buenas que son imprescindibles y altamente recomendables para el crecimiento del bebé, pero también pasan contaminantes que la madre ha adquirido y que colonizan su cuerpo. Lo mismo ocurre durante la lactancia. En ambos casos, embarazo y lactancia, los DE que recibe el bebé actúan en los primeros estadios de su vida, unas fases de su desarrollo caracterizadas por una rápida diferenciación celular y formación de órganos, por lo que los DE pueden producir alteraciones hormonales que den lugar a patologías o enfermedades que se manifiestan de forma temprana, ya desde el mismo nacimiento o durante la infancia, pero que también pueden presentarse en la edad adulta. Entonces, ¿qué hacer?

Nuestros estudios en cuanto al origen fetal de las enfermedades provocadas por DE sugieren que las interacciones que tienen lugar entre el organismo en desarrollo y los factores ambientales van a determinar el riesgo del individuo adulto para presentar una enfermedad determinada.

La evidencia científica señala que la exposición a los DE, además de afectar al individuo expuesto (en este caso, la madre), afecta también a su progenie. Cualquiera de nosotros pensaría de inmediato en efectos transgeneracionales. Lo primero que se nos vendría a la mente es el daño genético, la mutación en células germinales que se heredan generación tras generación; pero hay una explicación más simple y, a la vez, más preocupante: cuando la exposición a los DE ocurre durante el embarazo, al menos tres individuos resultan expuestos:

- la madre embarazada;
- la hija en el vientre materno;
- y las células germinales de esa hija en desarrollo.

¿A que nunca lo habías pensado así? Se trata de una exposición multigeneracional más que transgeneracional, que tan solo ahora empieza a ser entendida.

Nuestros propios estudios confirman la magnitud y la importancia de los contaminantes hallados en la placenta, en las primeras caquitas (meconio) del bebé, en la leche materna, y en la orina y la sangre de los bebés. Muchos de los contaminantes DE pueden tener un efecto adverso sobre la salud infantil y, curiosamente, en más de un trabajo, ha quedado demostrada la importancia del efecto cóctel que, como ya te he comentado, pone en entredicho la supuesta (y falsa) inocuidad de las bajas concentraciones encontradas para algunos de los contaminantes.

Advertencias tempranas, efectos tardíos

Es posible que conozcas la historia de Tomoko. Su imagen se hizo muy popular como reclamo para denunciar una situación de envenenamiento masivo por mercurio de una población pesquera en Japón. Tomoko nació con grandes deformidades y una enorme dependencia. Fue una más de las víctimas de la exposición infantil al mercurio, contaminante de origen industrial que se esparció por las aguas de la bahía de Minamata, en Japón, y que alcanzó a todo ser vivo, tanto a peces como a aves y, por supuesto, a humanos. Tomoko fue fotografiada muchas veces por Eugene Smith, un fotógrafo profesional que cubrió durante años la enorme tragedia y contribuyó, con su visualización internacional, a la toma de medidas preventivas y a la exigencia de responsabilidades. Las múltiples imágenes de Tomoko, niña deforme, pusieron el foco en los riesgos de la exposición materno-infantil al mercurio; pero, aunque ahora las busques, no vas a encontrar esas imágenes con facilidad. La fotografía de Tomoko desnuda en el baño, tan solo arropada por los brazos de su madre —como una *Pietà* del siglo xx—, ha desaparecido de las redes dada la intransigencia puritana de unos medios que no soportan la verdad ni a las personas desnudas.

Con todo, lo que te quiero contar con esta historia es cómo la madre de Tomoko interpretó la enfermedad, el sacrificio de su hija, cuando declaró: «Estoy muy agradecida a mi hija porque, habiendo sido la primogénita, me ha limpiado del mercurio tóxico que me invadía y, en consecuencia, ha librado a sus hermanos, que vinieron después, del ambiente tóxico en el que creció el cerebro de Tomoko».

La crudeza de su mensaje es bestial y tiene tantas connotaciones que bien valen varios comentarios. El primero y más evidente tiene que ver con la vulnerabilidad de los individuos en desarrollo a los tóxicos ambientales. Es fundamentalmente Tomoko, y no su madre, la que sufre los efectos de la exposición y, por otra parte, me parece muy necesario recordar que rara vez se tiene en cuenta, en las formulaciones de los riesgos ambientales, que el riesgo transmisible afecta mucho más a la mujer que al hombre.

Es así: por desgracia, a la hora de evaluar los riesgos y peligros, siempre se tiene más en cuenta al hombre que a la mujer, y también se presta más atención al adulto que a la niña. Tomoko, por tanto, al ser mujer y niña, estaba doblemente expuesta.

La de Tomoko no fue una transmisión vinculada a una mutación genética, sino a una exposición intrauterina y, en este sentido, también es importante destacar la afirmación que hace su madre sobre cómo se ha limpiado de los contaminantes. Asegura que Tomoko «se lo ha llevado todo» y que dejó su seno materno limpio para la concepción de unos hermanos que ya desde embriones iban a enfrentarse a un menor riesgo de padecer los efectos adversos de la exposición a los DE. No era la primera vez que oíamos este argumento, aunque hay que ir a textos antiguos, de mediados del siglo XX, para encontrar referencias sobre cómo el embarazo y la lactancia pueden implicar una limpieza de contaminantes. Parecería que más tarde se obvió cualquier referencia a esta situación. No sé cuál es el motivo.

Hay algunas referencias aún más crudas sobre el efecto limpiador del embarazo. En el libro *Voces de Chernóbil,* de Svetlana Alexiévich,[11] encontrarás un primer capítulo, una introducción a la obra, muy duro, en un libro ya de por sí áspero y gris. En lugar de Tomoko, aquí aparece Natasha Ignatenko, una niña que murió a las pocas horas de nacer por haber sufrido en el vientre materno la exposición a la radiación nuclear que emana de Chernóbil. La madre de Natasha, arrodillada sobre la tumba de su hija, enterrada a los pies de Vania, el padre bombero, dice: «Yo la he matado... Ella, en cambio... Mi niña me salvó. Recibió todo el impacto radioactivo, se convirtió como si dijéramos en el receptor de todo el impacto... Tan pequeñita... Una bolita...».

Esta vivencia, durísima, no solo aparece en el libro, es posible que también la hayas visto ficcionada en la magnífica serie *Chernóbil,* pues la historia real de Natasha y sus padres es uno de los principales argumentos que vertebran toda la trama de la premiada, y con razón, serie.

Esta idea del primogénito que «recibe» la mayor exposición a través o por parte de la madre la hemos ido presentando en todos los foros en los que hemos participado con la intención de hacer ver lo que es la responsabilidad del daño (en este caso, la exposición) transmitido. No se trata, en ningún modo, de culpabilizar a la madre porque ¡qué culpa tienen las madres de Tomoko o de Natasha de lo que ha ocurrido en Minamata o en Prípiat! Ninguna. Es la sociedad la responsable de las exposiciones de estas mujeres y debe ser la sociedad, también, quien las evite.

A la exposición materno-infantil del mercurio industrial de Minamata, han seguido casos de otros compuestos supuestamente milagrosos diseñados por el ingenio humano que, a la larga, han resultado ser tóxicos y persistentes; tal es el caso del DDT, pesticida de funesta memoria, cuyo uso ahora está prohibido en la mayor parte de los países bajo el Convenio de Estocolmo.

También han saltado recientemente las alarmas en Europa y en Estados Unidos al advertir la presencia en la placenta humana de los compuestos perfluorados (PFAS), rebautizados como «compuestos químicos para siempre» (*forever chemicals*), por ser tóxicos y altamente persistentes. Nosotros hemos comprobado que, como ocurrió con el mercurio y con el DDT, la mejor manera que tiene una mujer de limpiarse de los PFAS es quedarse embarazada, aunque su primogénito resulte francamente «perfluorado». Maldita codicia industrial, maldita estupidez política, maldita ciencia inútil, maldita impunidad...

Los casos de Tomoko y Natasha traen a discusión uno de los asuntos más controvertidos y que más debate genera en los foros sociales y sanitarios donde presentamos estos datos y evidencias de la transmisión materno-infantil de los contaminantes. Se trata de delimitar la responsabilidad de la sociedad y de la madre en este proceso de exposición y en su prevención. Por ejemplo, al tratarse en muchos casos de exposiciones a compuestos bioacumulables que se almacenan progresivamente en el cuerpo de la madre, es de suponer que, a mayor edad de la madre, habrá mayor carga de contaminantes. La pregunta es obvia: si se retrasa la edad del primer embarazo, ¿habrá que suponer una mayor exposición intrauterina del primer hijo? La respuesta se responde por sí sola, y es que es muy probable que haya, en efecto, una mayor exposición. ¿Cómo deberíamos actuar en este caso? ¿Qué recomendaciones se tendrían que dar?

Hemos asistido a situaciones lamentables y nos hemos enfrascado en discusiones crudas que van desde la preocupación por la lactancia —ya que es una vía de exposición a los DE— hasta la lucha contra la victimización femenina. En estas situaciones, hemos esgrimido argumentos que buscan no desvirtuar ni la responsabilidad real de la sociedad, que permite que la mujer fértil resulte expuesta, ni el valor nutritivo y clínico que supone la lactancia con leche materna. De forma muy particular, el sector sanitario ha respondido con enfado, y también con cautela, ante nuestras publicaciones sobre los DE en la leche materna.

Hemos oído, en este sentido, argumentos como «vais a desanimar a las nuevas madres a iniciarse en la lactancia», o «esto no puede haber ocurrido».

Nuestra respuesta es contundente: la leche materna es el mejor alimento para el bebé, pero no tenemos que olvidarnos de transmitir ciertas recomendaciones que eviten la exposición de la madre durante la lactancia, y también es nuestra tarea que entre todos logremos convencer a los responsables de la seguridad ambiental de que, con la seguridad de la mujer y de la descendencia, no se juega.

En cuanto a ti y a tu situación particular, en este libro encontrarás formas para disminuir tu exposición a los DE. Ese es el principal propósito.

Demasiado cáncer, demasiado pronto

Muchos sanitarios tenemos la impresión de que cada vez se diagnostica más cáncer en personas menores de 50 años. A pesar de ser una enfermedad de mayores, no resulta extraño atender a jóvenes adultos con un cáncer «a destiempo», demasiado pronto para lo que todos habríamos esperado. Ahora, epidemiólogos estadounidenses han revisado las características de más de 23 millones de personas que han sufrido cáncer (23.654.000, para ser más exactos) diagnosticadas en Estados Unidos en los primeros veinte años de este siglo XXI. Los resultados del análisis han aparecido en la prestigiosa revista *The Lancet*.[7] Para ello, consultaron los datos de la Asociación

Estadounidense de Registros Centrales de Cáncer y del Centro Nacional de Estadísticas de Salud de Estados Unidos, y calcularon la incidencia y mortalidad por cáncer en el periodo 2000-2020 para individuos de entre 25 y 84 años, es decir, nacidos entre 1920 y 1990.

Los resultados de su análisis muestran que la incidencia fue de dos a tres veces mayor para los individuos nacidos en 1990 cuando se compara con los nacidos en 1955. Esto ocurre para tipos de cáncer tan variados como el de intestino delgado, de riñón, de páncreas, de hígado y de vías biliares intrahepáticas. A estos se suman otras localizaciones, como cáncer de mama con receptores de estrógenos positivos, de útero, colorrectal, gástrico, de vesícula biliar y otros cánceres biliares, de ovario y de testículo, cuando se tiene en consideración el descenso de incidencia en generaciones de mayores.

En resumen, 17 de los 34 tipos de cáncer considerados tuvieron una incidencia creciente en las generaciones más jóvenes cuando se comparan con las mayores.

Los autores concluyen que, ante esta epidemia de cáncer, hay que aportar soluciones. Dentro de este contexto, señalo una de sus conclusiones:

> Los hallazgos ponen de relieve la importancia de las exposiciones durante las primeras etapas de la vida y destacan la oportunidad crucial para prevenir la aparición del cáncer mediante la modificación de los factores de riesgo ambientales y de estilo de vida relacionados con la obesidad, dieta inadecuada, vida sedentaria y exposición a contaminantes químicos ambientales.

Nada más que decir. Generación X, *millennials* y generación Z: vuestra salud va en ello. Os propongo actuar de forma contundente frente a los (malos) hábitos y las (malas) exposiciones que os hemos enseñado y permitido, respectivamente.

En los capítulos siguientes, encontraréis algunas formas de disminuir la exposición, modificar vuestros hábitos y elegir opciones que aún están al alcance de vuestras (y nuestras) manos. Vamos allá.

PARTE 2

Recomendaciones generales para protegerse de la exposición a DE y plásticos

Ya decíamos en *Libérate de tóxicos* que las acciones que un individuo puede poner en marcha para reducir su exposición y la de sus familiares a DE pueden y deben ser de varios tipos:

- De carácter personal, que atañen a cambios en hábitos de consumo.

- De carácter político, que van dirigidas a defender y promover una regulación más estricta de la gestión de las sustancias químicas, que prevenga la exposición a los DE en cualquiera de sus formas.

Como el presente libro tiene un alcance limitado en el sentido político —ya que esos asuntos sobrepasan, con mucho, los objetivos que nos planteamos al escribirlo—, nos parece más coherente y realista centrarnos, en las páginas que conforman esta segunda parte del libro, en las recomendaciones de carácter personal que te pueden ayudar a reducir la exposición y, en consecuencia, sus efectos indeseables. En *Libérate de tóxicos*, repasamos muchos de los efectos negativos sobre la salud de la exposición a los DE; ahora queremos mirar hacia delante y, de alguna manera, pensar en positivo o, más bien, «llamar a una acción positiva»; es decir, dar pautas, consejos y recomendaciones que generen la incorporación de algunos cambios y hábitos que nos ayuden a modificar el ambiente en que nos movemos en nuestras casas, escuelas y lugares de trabajo para hacerlos, a todos ellos, más saludables.

Antes de comenzar con todas esas recomendaciones, conviene detallar algunas aclaraciones:

- Como en *Libérate de tóxicos*, los consejos que daremos a continuación se ciñen a la prevención de la exposición a los compuestos químicos que han sido identificados como DE, pero añade información valiosa sobre una de las fuentes más importantes de exposición química ambiental: el universo de los plásticos. Ya identificamos en su momento que la contribución de los plásticos a la exposición a los DE era muy relevante, pero ahora sabemos algo más sobre la frecuencia y gravedad de la exposición a fragmentos microscópicos de polímeros plásticos, ya sea en forma de «cachitos» o de fibras.

- En lo que respecta a los disruptores endocrinos y metabólicos, al tratarse de compuestos químicos muy difundidos que son parte de formulaciones, procesos e instrumentos de uso habitual, y muchas veces frecuente, o porque algunos de ellos presentan una persistencia medioambiental muy notable, la exposición humana puede ocurrir en cada momento y en cada actividad diaria con independencia de la edad o sexo del sujeto, su localización geográfica o su actividad habitual o laboral.

Gracias a la abundante bibliografía aparecida en los últimos años, sabemos hoy día que, debido a la presencia ambiental de los plásticos y de sus productos de degradación como micro y nanoplásticos, los efectos de la exposición a derivados del petróleo y a sus componentes químicos no hacen más que agravarse. Veremos qué podemos hacer para detener esta situación insostenible y con visos de crecer. Somos conscientes de que no es posible protegerse siempre y de forma absoluta, pero no debes preocuparte, porque lo que sí es posible, recomendable y prudente es tratar de disminuir la exposición, casi siempre inadvertida, eligiendo instrumentos, productos, actividades o hábitos de menor riesgo.

En este libro, para ello, te detallaremos las situaciones de mayor riesgo de exposición y también te ofreceremos las acciones y medidas alternativas a las que puedes recurrir para evitar esa exposición, ya sea —por ejemplo, y como norma general— buscando productos con el ecoetiquetado que sigue la normativa europea y que garantiza que los productos que usemos están libres de tóxicos, o implementando algunas otras medidas quizá más imaginativas y tal vez menos obvias, pero no por ello menos beneficiosas.

Por último, antes de lanzarnos con las recomendaciones de esta guía para reducir tu exposición a DE y microplásticos, queremos recordarte que la ley está de tu parte.

Suena un poco «peliculero» decirlo así, me siento una especie de comisario de película del Oeste escribiendo esta frase tan sonora, pero es así y no está de más que sepas cuál es la regulación que te ampara y te protege de la exposición a los DE. Es decir, el hecho de que quieras evitarlos en algunas situaciones en que puedas encontrarte, si te topas con la cerrazón de aquellos a los que solicites eliminar tal o cual tóxico de tu vida, de tu ambiente de trabajo, de un determinado lugar en el que te halles o de un recipiente en que te sirvan una comida, no es una cuestión de un capricho tuyo personal (me refiero a si tienes que soportar el típico: «Ay, aquí está la señora esta que no quiere que le sirva la comida para llevar en este recipiente. Qué pesada», o «Mira, ya ha llegado el vecino que se empeña, reunión tras reunión de la comunidad, en que suprimamos el revestimiento del ascensor...»).

No es un capricho, es un derecho: las leyes te amparan.

¿Cuáles?

Pues mira: aunque es algo farragoso en su lectura, el Reglamento n.º 66/2010 del Parlamento Europeo y del Consejo de 25 de noviembre de 2009[12] sobre el etiquetado ecológico, así como las decisiones de la Comisión Europea para productos específicos con aplicaciones muy variadas en objetos de consumo, aseguran la protección de las personas y del medioambiente frente a la exposición inadvertida a contaminantes, además de reducir el daño medioambiental en relación con la explotación de fuentes naturales, el consumo de agua y energía para su producción, la contaminación ambiental y el impacto como residuo al final de su vida útil.

Tienes que saber que, en la actualidad, aunque no existe una legislación única y transversal que cubra todos los DE, existen normas específicas en distintos sectores que los abordan. Muchas de ellas las vamos a comentar a lo largo de este libro, de forma particular cuando estén en proceso de actualización y prometan incorporar un control más estricto en referencia a los DE. A continuación, te muestro las principales normativas y te comento qué regulan o establecen con relación a los DE:

1. Reglamento REACH (CE) n.º 1907/2006, que regula el registro, evaluación, autorización y restricción de sustancias químicas: según establece, los DE pueden ser identificados como Sustancias Extremadamente Preocupantes (SVHC) si se demuestra que tienen efectos graves para la salud humana o el medioambiente. Estas sustancias pueden ser restringidas o requerir autorización para su uso.

2. Reglamento CLP (CE) n.º 1272/2008: regula la clasificación, etiquetado y envasado de sustancias y mezclas químicas. Aunque aún se están desarrollando criterios específicos para los DE, el reglamento permite la inclusión de los compuestos en esta clasificación cuando se disponga de evidencia científica suficiente sobre sus efectos.

3. Reglamento (CE) n.º 1107/2009 sobre productos fitosanitarios: regula el uso de pesticidas en la agricultura. Prohíbe explícitamente la aprobación de sustancias activas que tengan propiedades de alteración endocrina, salvo en circunstancias justificadas y excepcionales.

4. Reglamento (UE) n.º 528/2012 sobre productos biocidas: se aplica a sustancias utilizadas para controlar organismos nocivos, como desinfectantes o conservantes. También prohíbe el uso de sustancias activas con propiedades de alteración endocrina, salvo si el riesgo se considera aceptable en determinadas condiciones.

5. **Reglamento (CE) n.º** 1223/2009 sobre productos cosméticos: prohíbe el uso de sustancias clasificadas como carcinógenas, mutágenas o tóxicas para la reproducción (CMR), muchas de las cuales pueden ser DE. Aunque no menciona específicamente los DE, algunos están cubiertos por esta clasificación.

6. **Reglamento (UE) n.º** 10/2011 sobre materiales plásticos en contacto con alimentos: regula la seguridad de los materiales plásticos que entran en contacto con alimentos. Evalúa las sustancias por su toxicidad, incluidos los posibles efectos endocrinos.

7. **Directiva** 2009/48/CE sobre la seguridad de los juguetes: limita el uso de sustancias químicas peligrosas en juguetes infantiles. Aunque no se enfoca exclusivamente en DE, restringe su uso si presentan riesgos para la salud.

8. **Estrategia de sostenibilidad para las sustancias químicas** (2020), que forma parte del Pacto Verde Europeo y reafirma el compromiso de la UE para proteger la salud humana y el medioambiente frente a sustancias peligrosas. Incluye el objetivo de eliminar progresivamente los DE de los productos de consumo y fortalecer su regulación en toda la legislación pertinente, pero veremos cómo queda después de recortes, atrasos, descalabros o porque es muy posible que nos encontremos con el «donde dije digo, digo Diego» tan habitual en estos temas.

Uso práctico de la guía: la regla de los 21 días

Todos tenemos la mala experiencia de que, cuando tratamos de implementar recomendaciones y decidimos hacer las cosas de una manera diferente, el mayor inconveniente venga impuesto por la dificultad de modificar nuestros hábitos y las actitudes rutinarias que, de forma atávica, están ligadas a nuestro día a día. Por eso, te proponemos incorporar las recomendaciones de esta guía de forma paulatina, sin traumas y siempre sobre la base de tus posibilidades.

Nos ha parecido bien marcar un calendario para incorporar los cambios, de tal manera que cada 21 días hagas tuyas varias recomendaciones. Tú decides cuántas, aunque te avanzo que, si consigues llevar a cabo 5 de estas recomendaciones cada tres semanas, al final del año habrás incorporado las 80. Así, de forma paulatina y sosegada, sin más estrés que el que te imponga tu voluntad de mejora, puedes ir configurando tu quehacer diario e ir eligiendo las opciones similares de distintos escenarios, para que así sea más fácil la adaptación a las recomendaciones.

Como seguramente has adivinado, esta guía nace con la voluntad de ser tan solo un principio que te ayudará a entender un poco mejor el ambiente que hemos construido entre todos y que estamos dispuestos (o más bien *necesitamos*, por la cuenta que nos trae) a mejorar.

No lo olvides, porque de ti depende: con nuestra actitud como ciudadanos que demandan productos más acordes con nuestros deseos, podemos cambiar las reglas del mercado, un poco más allá, un poco más rápido, con mayor confianza y de forma más activa a como lo hacen los gobiernos y nuestras administraciones.

Agua que no has de beber...

Recomendaciones referentes al agua de bebida

Seguro que tú no recordarás esta canción, pero yo sí recuerdo oír cómo se cantaba en mi casa a la hora de la plancha. La canción aparecía en una película que fue famosísima en su momento, de esas que han repuesto mil veces en *Cine de Barrio*, que se estrenó en 1958, *La violetera*. Y, en ella, una bellísima y sensualísima Sara Montiel cantaba eso de «agua que no has de beber, déjala correr, déjala, déjala».

Qué razón tenía el autor de la copla, Juan Martínez Abades, en su recomendación, y qué poco debió de pensar el hombre, seguramente, en cómo me habría de venir al pelo su consejo, basado a su vez en el refrán popular, para dar título a este apartado con recomendaciones sobre el agua de beber. Tan pura. Tan cristalina. Tan necesaria. Tan indispensable y, supuestamente, tan sana.

Ay, ¡si «Saritísima» supiera que hoy día ya no se trata de dejar correr el agua, sino de mirar mucho hasta qué punto esa agua teóricamente sanísima que nos venden embotellada y enriquecida con mil minerales es tan inocua como la pintan...

1 La mejor agua del mundo, un lujo a tu alcance

Tú no lo sabes, pero tienes a tu alcance el agua de la mejor calidad, al mejor precio y servida a domicilio (y no en botellones de plástico nocivos).

Como lo oyes. Lo único que tienes que hacer es abrir el grifo. No, no me mires así. No hay trampa.

La mejor agua del mundo es la que te llevan a casa, a cualquier hora del día y de la noche, durante todo el año, y por el módico precio de unos 2 euros por cada mil litros.

Te la voy a describir como si fuera el mejor sumiller (resulta que ahora también los hay expertos en agua: alucina, vecina):

- Esta agua no tiene olor, es transparente y sacia completamente tu sed.
- Es una bebida que disuelve más sustancias que cualquier otro líquido.
- Conduce la electricidad gracias a sus moléculas cargadas eléctricamente.
- Contiene minerales y nutrientes de gran valor.
- Tiene un pH neutro de 7, es decir, no es ácida ni básica.
- Reacciona con los óxidos ácidos, los óxidos básicos y el metal.
- Tiene la capacidad de absorber mucho calor antes de que suba su temperatura.
- Su tensión superficial es tan elevada que la hace elástica.
- Propaga el sonido sin apenas pérdidas, especialmente las frecuencias bajas.
- Llega a tu casa a través de un sistema de reparto excepcional: tu grifo.
- Un equipo humano de expertos profesionales controla su calidad y seguridad y se preocupan, día y noche, de que el suministro no se corte.

¿Qué más puedo decir? El «agua de grifo» o de canilla, de llave, de pluma, de espita, de bitoque, de pila, de paja o de billa, llamada así según la región en que vivas, es casi un regalo que tu ayuntamiento te hace por un módico precio para que puedas presumir, y con toda razón, de que el agua de tu pueblo es la mejor del mundo.

Sin embargo, esta agua tiene un único problema: sus enemigos, una suerte de grupo de conspiradores empeñados en vender agua en botellas a 2 euros el litro y que tienen un interés malsano en hacerte desconfiar de tu agua de grifo. Su agua no es mejor que la tuya y, además, viene envuelta en plástico petrolero.

Si aún tienes alguna duda o alguna queja —no será por el precio—, acude a tu ayuntamiento y exige el agua de calidad que tú y tu familia merecéis, pero no renuncies a tu privilegio.

¿Qué se te pide a cambio? Tienes que comprometerte a no derrocharla y a ser cuidadoso con ella.

Incluso, si te obligas a abandonar esa esclavitud malsana de la botella de PET y del carrito lleno de bidones de agua plastificada, puedes aprovechar para dejar de contaminar el mundo con más plástico.

 CONSUME AGUA DE GRIFO

- Procura consumir agua de calidad. La de tu ciudad o de tu pueblo posiblemente sea muy buena. Si no ha habido ninguna advertencia de riesgo sobre el agua de grifo en tu municipio, esa es la más aconsejable.

- Exige una jarra de cristal con agua en tu mesa del restaurante. Evitarás beber de una botella de plástico. Es tu derecho disfrutar del agua del ayuntamiento.

- Exige fuentes públicas donde puedas saciar tu sed con agua municipal.

- Pide surtidores de agua en cualquier evento que se celebre en la calle, que te faciliten el acceso a agua municipal de calidad sin tener que recurrir a la botellita de plástico.

2 No todas las aguas (de grifo) son iguales

No debes permitir que nadie demonice el agua de tu grifo, pero tampoco tienes que consentir que no te den el agua con la calidad que mereces.

Tienes derecho a estar al tanto de la calidad del agua que llega a tu casa y puedes indagar en tu ayuntamiento sobre su calidad y pedir, si es necesario, que se corrija cualquier desviación de los parámetros obligatorios de calidad para la UE.

Desde 2024, es obligatorio que todos los municipios de Europa investiguen la presencia de una serie importante de contaminantes en el agua municipal, desde metales pesados hasta pesticidas. Esa información ha de ser accesible a los ciudadanos y, por descontado, si se sobrepasan los límites de seguridad, deben de ponerse de inmediato en marcha las medidas correctoras necesarias.

No obstante, conocer si el agua de tu grifo puede llevar contaminantes es tan importante como tener presente de dónde salen estos: muchos de ellos, están vinculados a la contaminación de los acuíferos por la actividad de algunas industrias y, sobre todo, por la pésima gestión de la basura, del papel y el cartón, de los plásticos y de los textiles. Todos ellos, en muchos casos, contienen gran cantidad de compuestos perfluorados (PFAS), que tienen muchas aplicaciones milagrosas en muy variados productos manufacturados, pero también son DE.

No hay excusa para que nuestras aguas estén contaminadas. Son aguas de consumo y deben estar libres de tóxicos y contaminantes. El hecho de que el precio del agua que sale por nuestros grifos sea tan bajo no es, desde ningún punto de vista, un argumento válido para que su calidad no tenga que ser excelente. El agua corriente es un servicio público por el que pagamos a nuestros ayuntamientos, pero también les pagamos por la gestión de basuras y residuos, y ello implica tener controlados los productos tóxicos y contaminantes, así como los vertidos que se puedan realizar a los cauces, a los pantanos y a las aguas públicas.

La UE y el Gobierno español han promovido normativas que hacen que estos análisis de las aguas sean obligatorios y que sus resultados estén disponibles para todos desde el 2 de enero de 2025; por lo que, si solicitas esa información, debe proporcionársete.[13]

Ya que pagas por ella, mereces agua de grifo libre de contaminantes químicos y, en especial, de compuestos perfluorados (PFAS).

Si no es así, estás en tu derecho a pedir a tu ayuntamiento que te garantice aguas limpias de tóxicos y de contaminantes.

 ASEGÚRATE DE LA CALIDAD DE TU AGUA DE GRIFO

- Exige cañerías que no sean de plástico: recuerda que el PVC, una posible fuente de ftalatos, se puede emplear para los desagües, pero no para el abastecimiento.

- Exige la certificación de calidad para los filtros de grifo (también si los usas para jarra). Si no está certificado qué compuestos retienen los filtros, nunca sabrás si la información que provee el vendedor es correcta.

- Si tu situación te obliga a emplear un sistema de filtración de agua de la mayor eficacia porque dudas de su calidad, asegúrate de que es de ósmosis con remineralización.

- No olvides que el agua del baño y de la ducha también puede ser fuente de exposición a trihalometanos, halógenos, pesticidas y perfluorados; por lo que, si tienes alguna evidencia de su presencia, tendrías que ampliar el sistema de depuración (por carbón activo u ósmosis inversa) también a estos usos.

- No almacenes el agua filtrada en recipientes o botellas de plástico.

3 Agua en botellas de plástico PET

Si has leído las páginas anteriores, habrás visto que uno de los puntales de nuestros estudios es el «rastreo» de la presencia de contaminantes en nuestro organismo a través del análisis de nuestros fluidos. Un lugar especialmente útil para nosotros a la hora de recoger muestras son los bancos de leche humana, esos lugares donde la generosidad femenina abarca no solo el gesto de donar leche materna para poder alimentar a aquellos recién nacidos que la necesiten, sino que —aunque es posible que muchas de estas donantes lo ignoren— facilita la toma de muestras para averiguar hasta qué punto, cómo y en qué cantidades los DE están presentes en el organismo de las madres y pueden ser transmitidos a sus bebés.

Nuestros estudios nos habían alertado de la presencia de antimonio (Sb). Nos resultaba enormemente extraño que, en todas las leches analizadas, sin excepción, se detectase este tóxico, por lo que nos pusimos manos a la obra para averiguar de dónde provenía. Y resultó que la fuente estaba en el consumo de líquidos envasados en botellas de tereftalato de polietileno, es decir, de lo que coloquialmente se llama «plástico PET».

Se trata, como sabes, de unas botellas muy comunes, que se identifican con el número 1 en el triángulo de reciclado.

Seguro que, hasta ahora, pensabas que eran inofensivas, pero vamos a intentar explicarte con un cierto detalle la cadena que lleva desde las botellas de plástico hasta la leche materna: las botellas de plástico PET son las más comunes para envasar agua, zumos o aceite. En su fabricación, se usa antimonio como catalizador de la reacción del polímero, por lo que nuestra conclusión fue evidente: la exposición de todas las mujeres cuya leche analizamos tenía su origen en el antimonio residual que quedaba en las botellas de plástico PET de las que bebían.

Nos estábamos planteando cómo alertar sobre los riesgos de estas botellas PET, de uso tan enormemente extendido, cuando empezaron a aparecer nuevas publicaciones que alertaban sobre la presencia de microplásticos en el agua de estas botellas. Los trabajos iniciales ofrecían cifras abrumadoras: hasta 10.000

partículas de microplástico por cada botella de litro, pero las publicaciones más recientes han elevado a nivel exponencial esta cifra y estiman que se alcanzan las 300.000 partículas de micro y nanoplásticos, que son fragmentos aún más pequeños. Tu botella de plástico PET entraña un triple riesgo:

1. Riesgo de exposición a antimonio (Sb).
2. Posibilidad de contener plastificantes y aditivos del plástico.
3. Presencia de micro y nanoplásticos.

 DI NO AL AGUA EN BOTELLAS DE PLÁSTICO PET

Aunque el plástico PET no es un DE, sí pueden serlo algunos de los 600 componentes con los que cuenta el fabricante para hacer el producto final. Entre ellos, destacan: óxido de antimonio (Sb), bisfenoles, ftalatos y filtros UV. Ante el desconocimiento de qué aditivos se han usado para fabricar tu botella y la sospecha del riesgo:

- Evita el agua embotellada en plástico.

- No reutilices una y otra vez botellas de plástico para rellenarlas con agua del grifo: a más uso del plástico, mayor riesgo de liberar sus componentes.

- Emplea botellas de cristal reutilizable para guardar el agua del grifo en el frigorífico.

- No expongas el agua embotellada en plástico al sol, ya que la temperatura y la radiación pueden ayudar a la liberación de componentes del material con el que se ha hecho la botella y sus aditivos.

- Emplea botellas y termos de interior metálico o de vidrio, aunque estén recubiertos exteriormente por algún material plástico de protección frente a la ruptura.

- Elige con atención la botella de agua para el deporte. Hay alternativas al PET, al polipropileno y al policarbonato, como el acero y el cristal protegido.

4 El botellón (de agua) es malo (también)

¿A que queda como supercosmopolita que te sirvan el agua a domicilio? Es como de película de Hollywood. A todos nos viene a la mente la imagen del chico que reparte el agua, con ese bidón gigante al hombro, entrando en casa, en la oficina, incluso en la consulta, para reponerlo en la máquina del agua ante la admiración del personal por su torso.

Lástima que esos botellones azules reutilizables de 18,93 litros (5 galones exactos) estén hechos de policarbonato (PC). Fíjate en su número del triángulo de reciclado: es el 7.

El PC, a su vez, está elaborado con BPA, es decir, bisfenol-A.

En 2024, después de 30 años de ruegos por parte de expertos como nosotros, la Comisión Europea implementó un reglamento (concretamente el 2024/3190) que disminuirá el uso de BPA en materiales y objetos destinados al contacto con alimentos debido a sus efectos potencialmente nocivos para la salud. Así, para cumplir con esta nueva normativa se abrió un periodo de 18 meses, durante el cual este componente nocivo tiene que desaparecer de los recubrimientos interiores de las latas de conserva y de los botes, envases y cualquier otro utensilio plástico elaborado con policarbonato o con resinas epoxi.

Su uso continuado en los envases alimentarios ha resultado enormemente perjudicial. Por decirlo de una manera clara, debemos a la exposición continuada del BPA en los envases alimentarios que todas y todos, de cualquier edad y en cualquier rincón de Europa, meemos cada día un poquito de plástico BPA. Pero la cosa no se queda ahí: esta exposición tiene consecuencias graves para la población, que van desde trastornos inmunitarios hasta problemas hormonales.

Volvamos ahora al tema del botellón (de agua): ¿sabías que estos botellones enormes se reutilizan hasta 40 veces y que, tras someterlos a repetidos lavados (a más de 60 ºC) y tratamientos se favorece la liberación del BPA?[14]

Es cierto —todo hay que decirlo— que muchos distribuidores los están cambiando por otros ligeramente más pequeños y con una marca indeleble de PET con el 1 en el triángulo de reciclaje en sustitución de la marca antigua de 7.

No es una buena solución cambiar un DE por otro pero, en todo caso, no está de más recordarte que debes exigir que el BPA no vuelva a entrar en tu casa ni en tu espacio de trabajo, aunque sea disfrazado de agua cristalina.

No esperes a que el distribuidor o la Administración reaccionen... pueden tardar otros 30 años.

 DI NO AL AGUA EN BOTELLONES DE POLICARBONATO (PC)

- No consumas agua embotellada en botellones de policarbonato —número 7 en el triángulo de reciclado—. Estos recipientes contribuyen a la exposición al bisfenol-A (BPA).

- Busca cualquier alternativa a este tipo de envases. La mejor: el agua de grifo.

5 Adiós ríos, adiós fontes

Así empieza uno de los poemas más conocidos de Rosalía de Castro, de especial querencia entre los gallegos. El poema describe la despedida, en primera persona, de un emigrante que parte para América y enumera todo lo que va a añorar de su tierra. Comienza por los ríos, las fuentes y los arroyos. Seguro que, en la época de Rosalía, todos esos cauces eran de aguas puras y cristalinas. Hoy no.

Por desgracia, hoy día, España es un mapa plagado de aguas superficiales y subterráneas contaminadas por pesticidas.[15] Son como las venas de un organismo por las que corriese sangre sucia. Y, de la misma manera que en este ejemplo, las aguas contaminadas comprometen nuestra salud.

Cuando dimos a conocer nuestros trabajos sobre la exposición humana a pesticidas, la pregunta más recurrente fue la misma: ¿cómo es posible que haya aparecido un porcentaje tan alto de residuos de pesticidas en la orina de los niños y adolescentes en toda España?

Aquí van los motivos:

1. Aunque menos del 2 % de los alimentos que consumimos presentan pesticidas por encima del límite máximo de residuo aceptable,[16] cerca del 40 % tienen uno o más pesticidas «dentro de los límites de la legalidad» (MSCBS).

2. Los datos más recientes sobre presencia de pesticidas en agua superficial en España confirman que cerca del 30 % de los sitios de medida[15] en España superan el valor frontera establecido por las Normas de Calidad Ambiental; esto ocurre en el Segura (52,24 %), el Guadiana (49,72 %), la cuenca fluvial de Cataluña (42,78 %), el Júcar (41,67 %) y el Guadalquivir (41,03 %).

¿Cómo hemos llegado hasta aquí? Consintiendo años de producción alimentaria convencional basada en el empleo masivo de pesticidas que contaminan agua, tierra, alimentos y personas.

Por eso es tan importante que cuidemos no solo el agua que sale de nuestros grifos, sino en general toda el agua de nuestros cauces, pantanos, presas y fuentes. Es decir, todas las aguas de las que nuestros grifos, de alguna manera, son susceptibles de alimentarse o las aguas que riegan nuestros alimentos, incluidas las aguas subterráneas, por supuesto.

 ¿CÓMO SE POTABILIZA EL AGUA QUE BEBES?

El mayor riesgo del consumo de agua del abastecimiento municipal es la presencia de trihalometanos, si es que la potabilización se ha efectuado mediante cloración. Esos compuestos no son disruptores endocrinos, pero se los considera un factor de riesgo para ciertos tipos de cáncer, como el de vejiga.

El segundo riesgo es la contaminación química del agua de beber con nitratos provenientes del uso abusivo de fertilizantes nitrogenados en las áreas rurales o de ganadería intensiva.

La presencia de pesticidas, como el clorpirifós y otros compuestos químicos como perclorato, o metales, en las aguas de abastecimiento de España nos debe poner sobre alerta en relación con la calidad y seguridad del agua que llega a tu grifo.

• Es tu obligación informarte sobre la calidad del agua por los medios que pone a tu alcance la Administración.

• Es tu derecho exigir a tu ayuntamiento que cuide todo lo referente a la calidad del agua que consumes.

Con la muerte en los talones

Recomendaciones referentes a la producción de alimentos

Cuando pienso en pesticidas, me acuerdo de Cary Grant. Esto, supongo, debe de ser la asociación de ideas: lo primero que se me viene a la mente es esa escena magnífica de *Con la muerte en los talones*, la inconmensurable película de Hitchcock en la que el pobre Cary es confundido con otro y, a lo tonto a lo tonto, acaba en un maizal no solo perseguido por una avioneta bastante psicópata, sino fumigado por ella con lo que supongo que son pesticidas de finales de los años cincuenta, ya que la película es de 1959.

Qué curioso. He estado a punto de escribir que el gran actor y no menos bello Cary había sido rociado con pesticidas «de los chungos», como si por ser de aquella época fueran peores. Y no, la verdad es que malos son todos, y lo peor de los de ahora es que, literalmente, están en todas partes.

Ahora sí. No por ser espías, sino por vivir rodeados de pesticidas y tenerlos más literalmente que nunca «hasta en la sopa», estamos nosotros con la muerte en los talones y no Cary Grant...

6 Lo que cultivamos en nuestros hijos

En febrero de 2024, Ursula von der Leyen anunció la decisión de suspender el plan de reducción del uso de pesticidas en Europa previsto en la Agenda 2030. Con esta decisión, dicho sin tapujos, se han ido al garete las buenas intenciones del Pacto Verde Europeo del año 2020 a.C. (sí, ya lo sabéis: a.C. se refiere a «antes del COVID-19», cuando todo parecía posible).

«Bruselas queda muy lejos», pensarán algunos, ajenos a cómo el día a día de las decisiones que allí se toman repercute en nosotros y en nuestra vida cotidiana. Pero, de hecho, sí que lo hace.

¿Cómo nos afecta esta suspensión?

Sabemos que la producción agrícola convencional es la mayor causa de exposición a pesticidas tóxicos, con consecuencias especialmente preocupantes para los nacidos en el siglo xxi, es decir, nuestros hijos y nietos. No se trata únicamente de un problema «medioambiental», como cacarean los periódicos recurriendo a ese término vago, indefinido e inmaterial que es «el ambiente». El uso de pesticidas entraña un problema de salud humana, y tomar la decisión de permitirlos conlleva, por tanto, una enorme irresponsabilidad compartida que afecta a las generaciones futuras y nos afecta a nosotros. Se trata de un «ellos», sí, pero también de un «nosotros», de un «todos».

La información que proporciona la Administración sobre la presencia de pesticidas en el medioambiente es lo suficientemente alarmante como para llamar a la acción preventiva. Por ejemplo, espanta la inacción frente a lo que la Administración misma escribe:

> [...] los estudios más recientes no son concluyentes en cuanto a la toxicidad y ecotoxicidad del glifosato en las aguas. Sin embargo, tanto las grandes cantidades vertidas de esta sustancia, como los resultados de los muestreos indican que el glifosato puede suponer un riesgo tanto en aguas superficiales como subterráneas, por lo

que es preciso garantizar el control de este herbicida en toda España.[17]

Ya sea por acción u omisión, la realidad es que estamos sometiendo a las generaciones más jóvenes, en un momento crítico de su desarrollo, a la exposición diaria, continua y permanente a pesticidas cuyas consecuencias empezamos a entrever... y no nos gustan.

Tienes que saberlo, tenemos que hacérselo saber a todos cuantos podamos y tenemos que actuar porque, como hemos visto, Europa es incapaz de protegernos.

 ¿CÓMO ELIMINAR LOS PESTICIDAS DE NUESTRA ALIMENTACIÓN?

- Opta por aquellos alimentos con menor probabilidad de presentar pesticidas y otros residuos de compuestos químicos, es decir, los provenientes de la producción ecológica.

- Por puro sentido común y sostenibilidad, es mejor que optes, así mismo, por productos de temporada y de cercanía.

- Haz lo posible por pagar el precio justo por tu comida. Si te parece que la cesta de la compra supone un gasto excesivo para tu economía, piensa en ahorrar en telefonía o en ropa, ¡pero no ahorres en la cesta de la compra!

Recuerda: tu comida debería ser sana, sostenible y de precio justo.

7 Regando a nuestras hijas con fungicidas

Un grupo de sesudos epidemiólogos y médicos hemos publicado que hay una fuerte asociación entre la presencia de fungicidas en la orina de las niñas y el desarrollo precoz de sus cuerpos.[18] Para enorme disgusto de las personas al frente de explotaciones agrícolas convencionales, uno de esos fungicidas (Mancozeb) fue prohibido en 2021, pero hasta entonces contribuyó a colocar a España como campeona en el uso de este tipo de pesticidas en Europa. Se empleaban más de 37.000.000 de kilos de fungicidas (sí, no has leído mal: treinta y siete millones) cada año. A pesar de ciertas prohibiciones, el uso de fungicidas en cultivos convencionales en España sigue siendo muy alto y tiende a aumentar debido a presiones, como el cambio climático y la pérdida de producción. Pero tienes que saber que se emplean tanto en el campo como en la poscosecha, lo que significa que se aplican directamente sobre la piel de las peras, manzanas, cítricos y cualquier fruta de hueso una vez cortadas del árbol. Este uso «no sistémico» te da una oportunidad de disminución de la exposición si lavas o pelas tu fruta.

Históricamente, los residuos de pesticidas en los alimentos contaban con el dudoso honor de ser la mayor fuente de exposición a disruptores endocrinos. Hoy sabemos que los compuestos persistentes tienen una difícil degradación ambiental y tienden a acumularse en los tejidos grasos de animales —es el fenómeno que conocemos como «lipofilicidad»—, y que se magnifican en la cadena alimentaria.

Muchos de estos pesticidas y fungicidas ya están prohibidos. Pero no es suficiente. Hoy día se usan pesticidas más modernos, que parecería que son de más fácil degradación, por lo que hay una menor probabilidad de que permanezcan en nuestro organismo; sin embargo, hay estudios que demuestran que sus residuos siguen presentes en gran parte de los alimentos cotidianos de producción convencional.

Tenemos que alzar la voz para lograr que se eliminen por completo de nuestros alimentos. No se trata de nosotros: el desarrollo y la salud de nuestras hijas, y de sus hijas, está en juego.

 PAUTAS PARA EVITAR LOS FUNGICIDAS

Los alimentos vegetales (frutas, verduras y hortalizas), sea cual sea su origen, deben lavarse de forma intensa y, cuando sea posible, tenemos que pelarlos para eliminar con esta sencillísima maniobra compuestos químicos añadidos. Quizá pierdas algo de los nutrientes y de la fibra que hay en la piel, pero te aseguras de no comer productos añadidos y muchas veces nocivos que, en la mayoría de las ocasiones, son empleados tan solo con fines estéticos.

• Para reducir los fungicidas aplicados poscosecha: lava la fruta con agua, o con una mezcla de bicarbonato y vinagre.

• Pela la fruta. De esta manera, te puedes llevar una gran parte de contaminantes que se aplicaron superficialmente a la fruta y a los productos vegetales.

• Opta por alimentos de producción ecológica: no está permitido el uso de fungicidas de síntesis en ellos.

• Busca el sello de agricultura y producción ecológica en los productos que compres.

• Desconfía de lo que se vende a pie de huerta, por atractivo que sea. Recuerda: si no es de temporada no es local.

8 ¿Así de natural?

Hay quien se exaspera al volante, otros oyendo las noticias (cosa muy normal por otra parte); los hay también que se ponen más que «atacaos» (yo diría que histéricos) con el fútbol. A mí lo que me exaspera son los anuncios de zumo de naranja. Fíjate bien cuando los veas en televisión. Sus eslóganes son imparables: «Nada se le añade, nada se le quita», «cuida de ti y del planeta» o «tan natural como tu manera de ser en la mesa». Me pongo malo.

¿Por qué? Porque basta con mirar con un poco de atención la prensa para descubrir que, en enero de 2021 en Alemania, en julio de 2022 en Bélgica y Luxemburgo, y en junio de 2024 en nuestro propio país, se tuvo que ordenar la retirada de partidas de naranjas puestas a la venta y procedentes de España u otros países debido a que contenían el pesticida clorpirifós, prohibido en la UE desde enero de 2020.

La evidencia de toxicidad de clorpirifós es apabullante. Es tóxico para el sistema nervioso central —es decir, es neurotóxico— y, además, es un DE de señalización tiroidea. Tan tóxico es que se ha constatado que la exposición prenatal a clorpirifós tiene efectos perjudiciales sobre el coeficiente intelectual del futuro recién nacido y sobre el grosor de su corteza cerebral.

Contribuyó a generar esta información Carmen Freire, en su última publicación científica.[19] En primer lugar, demostró que, a través de la presencia del residuo de estos compuestos en la orina, la exposición de los jóvenes andaluces a los pesticidas organofosforados alcanza a más del 70 %. Y, en segundo lugar, que sus efectos como DE quedan patentes en los cambios de la hormona masculina testosterona, así como en las hormonas tiroideas de los muchachos expuestos.

Ahora, mientras nosotros seguimos engordando nuestra biblioteca con más publicaciones científicas que nadie lee, mientras tú sigues consumiendo naranjas confiando en que están limpias, mientras alguien sigue usando clorpirifós en el campo porque «mata muy bien», nadie —ni el productor, ni el intermediario, ni el vendedor— parece hacerse responsable de que no es conveniente poner estas frutas contaminadas con clorpirifós al alcance de la boca de nuestros hijos porque las consecuencias —así de sencillo— no son buenas.

 PAUTAS PARA EVITAR COMER FRUTAS CONTAMINADAS CON TÓXICOS

Solo un 2 % de lo que comes presenta residuos de pesticidas por encima del límite legal, pero los pesticidas están en el 40 % de tus alimentos de producción convencional.

- Diversifica los componentes del menú de cada día, ampliando las fuentes y los tipos de alimentos, así reduces el riesgo de exposición a algún alimento especialmente contaminado. Algún experto ha sugerido: «Come de todo, pero poco».

- Da el paso ya: consume ecológico en casa y en el comedor comunitario de tu escuela, hospital, residencia o trabajo.

9 Flores que matan

Una noticia sacudió los medios franceses en octubre de 2024: Laure Marivain, antigua florista, advertía desde las páginas de *Le Monde*[20] y en Radio France que las flores pueden matar. Durante el embarazo, estuvo en contacto permanente con las flores con las que trabajaba cada día. Pero estas flores, tan bellas, tan inocentes, y en apariencia tan inocuas, estaban cargadas de pesticidas.

Fruto de ese embarazo, nació su preciosa hija Emmy, que murió de leucemia a los 11 años. En ese momento, Laure decidió alzar la voz porque, según aseguraba en los medios, «le prometí a Emmy que lucharía por ella, pero también por las demás».

El Fondo de Indemnización de las Víctimas de Pesticidas (FIVP) francés ha reconocido la existencia de un vínculo causal entre la muerte de la joven Emmy y la exposición de su madre Laure a pesticidas durante el embarazo. Es la primera vez que esto ocurre para una florista.

Y yo digo: le prometemos a todas las Emmys del mundo que lucharemos para que ninguna niña resulte expuesta a pesticidas en el vientre de su madre, aunque digan: «Si son productos legales, cómo van a ser malos», «los niveles de exposición son bajos», «hace falta más evidencia y más ciencia» o «no vale la pena porque el riesgo es insignificante».

Mientras escribo esto, leo un informe[21] proveniente de los Países Bajos que nos recuerda que hay cosas que no estamos haciendo bien: tras analizar 15 ramos de rosas, gerberas y crisantemos —las tres especies más vendidas en tiendas, supermercados y en Internet en ese país—, los autores encuentran hasta 46 pesticidas diferentes en un ramo de rosas y en otro de gerberas. Cada ramo contiene, por término medio, 12 residuos de sustancias sospechosas o probablemente peligrosas para la salud, ya sean carcinógenas, mutagénicas, tóxicas para la reproducción o disruptores endocrinos. Peor aún, en dos tercios de los ramos analizados —tres de rosas, dos de gerbera y cinco de crisantemos—, se hallaron un total de 33 residuos diferentes de pesticidas prohibidos en la UE. Te diré que las flores provenían de América latina y de África.

Comprenderás que el riesgo es para todos, para el que las cultiva allende los mares, para los que las trabajan en su floristería y también para ti, que las hueles. Basta ya de una Europa hipócrita que vende pesticidas que luego nos devuelven entre flores...

 PAUTAS PARA EVITAR LOS PESTICIDAS DE LAS PLANTAS

- No olvides que la exposición a pesticidas puede ocurrir de forma múltiple e inadvertida. No se trata solo de lo que comes, sino también de las flores que adornan tu casa.

- Exige un mayor control del residuo de pesticidas en la flor cortada tanto de producción local como importada. No todo es válido. La exposición profesional debe ser regulada desde el campo hasta la floristería.

- Controla el origen de lo que comes, bebes, hueles, manipulas o vistes, todo eso entra en tu casa y sazona tu ambiente interior y exterior. Solo así podrás prevenir tu exposición y la de los tuyos.

10 Estos pesticidas no son míos

Mientras la Autoridad Europea en Seguridad Alimentaria (EFSA) se desgañita diciéndonos que la comida moderna es tan segura como nosotros nos merecemos, han tenido que ser los parlamentarios en Europa (¡bien por ellos!) los que rechacen las pretensiones de la Comisión Europea para que se importe a cualquier precio —esto es, a cualquier coste en salud— cereales, semillas, limones, limas, mandarinas y quingombó (¿que será esto?) que contengan alguno de los cinco pesticidas más tóxicos.

Alguien tendrá que volver atrás, retomar los compromisos del Pacto Verde Europeo y recomponer algo de lo que nuestros gobernantes comunitarios dejaron caer tras las últimas protestas de los agricultores (las ya conocidas como «tractoradas») en España y en Francia. No puede ser que lo que viene de fuera de la Unión Europea contenga todos esos pesticidas que aquí están prohibidos y que se importen y vendan en nuestros países sin la menor cortapisa ni consecuencia.

Lo que se importa tiene que ser al menos tan seguro como lo que se produce aquí. Ya te expliqué cómo funcionaba esto con la flor cortada en el apartado anterior. No es de recibo que se vendan pesticidas prohibidos en la UE para ser usados allende los mares. Al final, todo vuelve a tu plato o a tu casa, y deja un rastro de enfermedad por el camino que nunca se va a reparar.

PAUTAS PARA EVITAR PESTICIDAS EN PRODUCTOS IMPORTADOS NO COMUNITARIOS

- Practica la lectura: ponte las gafas y lee atentamente las etiquetas de lo que compras. Existe la obligación de que, en ellas, se señale el origen de cada producto, y tanto este como muchos otros datos son una información sumamente valiosa a nuestra disposición para que podamos elegir, en conciencia, qué comemos.

- Europa es un gran importador de productos alimentarios con una enorme dependencia de la producción externa: las normas que son buenas para los europeos deben ser también aplicadas fuera de la UE. No permitas que se suavicen las restricciones referentes a los Límites Máximos de Residuos (LMR) en los productos de importación.

- Exige un trato similar para la protección de los trabajadores en la UE y en los países que contribuyen a nuestra alimentación procurando productos de la mayor calidad.

11 Carne de ganadería intensiva y todo contra lo que atenta

El PRTR es el Registro de Emisiones y Transferencia de Contaminantes. El Estado, a través de Internet, lo pone al alcance de cualquier ciudadano para que quien lo desee pueda informarse de las emisiones a la atmósfera, al agua y al suelo de las sustancias contaminantes de las principales industrias y otras fuentes de emisión, como es el caso de las granjas de ganadería intensiva. Sin duda, todo un ejercicio de transparencia que te conviene conocer cuando se habla de chuletones y de consumo de carne.

Tampoco estaría mal que echases un rato, como he hecho yo no hace mucho, informándote sobre la ganadería intensiva de animales estabulados en tu región.[22] Es más, si quieres, incluso puedes visualizar estas explotaciones a través de Google Maps, pero debo avisarte de que lo que he leído primero y visto después no me ha gustado nada: me he topado con granjas de millones de cerdos ubicadas en zonas semidesérticas que consumían los escasos recursos hídricos y que contaminaban el aire, el agua y los suelos con purines, amoniaco y metano sin apenas generar a cambio riqueza local pero, eso sí, dando lugar a un trajín infinito de animales que, convenientemente sacrificados y troceados, terminan por superpoblar las estanterías de grandes supermercados y de los negocios de comida rápida ultraprocesada (lo que sí genera riqueza particular para sus dueños y explotadores, por supuesto: eso está fuera de toda duda). Desde mi pueblo hasta la China.

Como sanitarios, hemos defendido y publicitado hasta la saciedad que tu dieta ha de ser sana, rica en frutas, verduras y cereales, y limitada en proteína y grasa animal.

No contentos con transmitir este mensaje, hemos incorporado, además, y gracias a la buena influencia de los colegas de ALIMENTTA, el concepto de sostenibilidad, cercanía, estacionalidad e impacto ambiental en la producción alimentaria.

Después, otros nos enseñaron que, a los parámetros de saludable y sostenible, deberíamos añadir el de justicia social.

Al final, lo que dota de sentido a nuestro discurso es su lógica y su sencillez: come productos no ultraprocesados, locales, de temporada, si es posible de producción ecológica, y paga el precio justo por tu comida. Si tienes que ahorrar hazlo en telefonía o en ropa, por ejemplo.

 PON TODA LA CARNE (LA MÁS SANA) EN EL ASADOR

- Elige las carnes (y leches) menos grasas: esto es recomendable porque, debido a la acumulación de compuestos contaminantes persistentes «lipofílicos» en el tejido adiposo de los animales de consumo, la grasa, las vísceras y los órganos grasos son el lugar de mayor concentración de compuestos tóxicos persistentes y metales.

- Prioriza el consumo de pollo y conejo y, si optas por carne roja, procura que sea de ganadería extensiva, esa que depende del pastoreo que tanto beneficia a tu medioambiente amenazado.

- Limita el consumo de alimentos que han sido conservados por el procedimiento de ahumado, así como las carnes a la brasa y alimentos que llegan a quemarse, ya que pueden ser fuente de exposición a hidrocarburos aromáticos policíclicos.

12 Cerdo agridulce

China es el segundo país más poblado del mundo y la primera potencia económica mundial por PIB en términos de paridad de poder adquisitivo (PPA). También es un gran importador de carne de cerdo.

Por eso, mira tú por dónde, una de las nuevas misiones de nuestra querida España es criar cochinos para que coman los chinos.

Acabo de viajar de Aragón a Andalucía y veo el gran desierto que es la península interior. Solo se distinguen grandes y herméticas naves ganaderas donde criamos cerdos al por mayor, para exportación. Y el negocio sigue creciendo.

En 2024, sacamos adelante 31 millones de cerdos... que nadie ha visto. Uno podría imaginar que las piaras pueblan la península y que es fácil tropezarse con muchas de ellas cuando atraviesa las tierras de España. Nada de eso. Estos nuevos cerdos no los verás jamás por el campo. Viven en neochiqueras repartidas por la España desierta. Allí comen piensos que vienen de ultramar y de allí salen en su viaje final para Asia. Somos los campeones de la exportación: producimos más de 2,2 millones de toneladas de carne y derivados del cerdo que dejan atrás un enorme impacto ambiental entre purines, emisiones, desechos farmacéuticos, consumo de agua y recursos y huella de carbono.

Isabel Cerrillo, de ALIMENTTA, el *think tank* para la transición alimentaria que ya te he mencionado, ya lo ha publicado: nuestra facilísima accesibilidad a la carne de cerdo ha provocado que, en la dieta española, haya un exceso de consumo de proteína de origen animal (carne) de cerca de un 400 %. Nada, poquita cosa.[23]

Ya lo sabes, tanta carne no es buena para tu salud; pero ahora, además, sabes también que tampoco es buena para el medioambiente.

PAUTAS SOBRE EL CONSUMO DE PROTEÍNA DE ORIGEN ANIMAL

El exceso de consumo de proteína de origen animal en la dieta tiene consecuencias negativas sobre la salud y también sobre la sostenibilidad ambiental.

- Ajusta tu dieta a cualquiera de los patrones recomendables como, por ejemplo, la dieta mediterránea.

- Limita la cantidad de proteína de origen animal en tu dieta. Hay otras proteínas mucho más saludables y sostenibles, como es el caso de las legumbres. Así fue durante siglos, hasta que la carne barata de producción intensiva y sus cientos de derivados invadió las estanterías del supermercado.

Recuerda que saludable y sostenible van de la mano.

13 El karma de los océanos

No todos pasamos el verano igual: mientras tú descansas en la tumbona soñando con los espetos y el «pescaíto» frito del chiringuito a la orilla del mar, la Autoridad Europea de Seguridad Alimentaria (EFSA) se dedica a pescar, en el mercado, los peces que vienen cargados de mercurio, en un intento por identificar los más contaminados y sacarlos de la venta al público antes de que lleguen a tu plato. Suelen ser los más grandes —el emperador, el atún rojo, el cazón y otros de la familia del tiburón, el lucio—. Y la última pieza a cobrar es el pez espada.

En principio, el pez espada es un pescado la mar de saludable. Los nutricionistas nos dan datos concretos: 150 gramos de pez espada al día cubren tus necesidades de selenio y fósforo, y parte de los requerimientos de magnesio, hierro, yodo, zinc y sodio. Además, está repleto de omega 3 y vitaminas A, B_{12} y D. Qué gusto de alimento. Lástima que, como nos aseguran los estudios de los epidemiólogos,[24] en esos 150 gramos también se superan con creces las cantidades de mercurio que sin querer ingerirás y que, desde luego, no necesitas.

Los peces no solo del río, sino también los del mar, beben y beben y vuelven a beber en aguas contaminadas por vertidos industriales y desechos de centrales eléctricas de carbón, minería e incineración de residuos. La consecuencia es que se cargan de mercurio y, después de ser atrapados por redes, arpones o cañas, ese mercurio acaba en tu plato y, más tarde, en tu organismo.

Podría decirse, si no fuera tan grave que no cabe hacer bromas con ello, que de alguna manera existe el «karma de los océanos» y, como en aquel cuento del soldadito de plomo, al final el mar devuelve a tu mesa la basura, ya sean plásticos o mercurio, que en su momento tiraste sin pensar al mar.

Las alertas alimentarias sobre la presencia de mercurio en los peces[25] son muy pulcras y discretas, tanto que no comunican al ciudadano ni el nombre del proveedor, ni la marca, ni el lote, ni la pescadería, ni el supermercado donde se venden los

peces con mercurio —será por la famosa presunción de ino-
cencia—; de modo que, por si acaso, lo que tú puedes hacer por
tu cuenta es desconfiar.

Pero ¿de qué peces debes desconfiar?

De los más grandes, gordos y viejos. Esos son los principales sospechosos.

Y, sobre todo, no lo olvides, de los que llevan espada.

 PAUTAS PARA EVITAR PESCADOS CON MERCURIO

El pescado está en nuestro punto de mira y debemos ser
especialmente precavidos con su consumo debido a la
frecuente contaminación del pescado graso, especialmente susceptible a ser «adobado» con metilmercurio,
ftalatos y compuestos orgánicos persistentes.

Para evitar todos estos compuestos químicos perniciosos, nuestras recomendaciones son sencillas:

• Limita el consumo semanal de pescado graso.

• Diversifica las especies y el origen a la hora de consumir
pescado.

• Consume las especies de menor tamaño.

• Favorece las prácticas de pesca artesanal, por ser más
sostenible, que te procura especies locales y de temporada.

14 El regalo envenenado del dios Mercurio

Por esas coincidencias de la vida, me entero de que uno de los focos industriales que más han contribuido a la contaminación por mercurio del mar Mediterráneo está en la bahía de Augusta, en Sicilia. Curiosamente, justo en esa costa siciliana tuvo lugar la llamada «expedición a Sicilia», una campaña militar que emprendió Atenas en el año 415 a. C. (y sí, ¡aquí sí es antes de Cristo!), en el curso de las batallas del Peloponeso. La idea de los griegos era conquistar la ciudad de Siracusa, la más rica y poderosa de Sicilia, y hacerse así con el control de toda la isla para aprovechar sus envidiados recursos naturales. Pues bien, la mañana en la que tenía que partir de Atenas la flota que supuestamente iba a conquistar Siracusa, los numerosos bustos del dios Hermes que adornaban los cruces de caminos, los mercados, los cementerios y el ágora aparecieron salvajemente mutilados.

Hermes —Mercurio para los romanos— era el dios protector de los viajeros (por eso, sus bustos estaban en los cruces de caminos); también era quien guiaba a las almas al inframundo (de ahí su presencia en los cementerios) y protegía a los comerciantes (lo que explica su presencia en los mercados). Pero, ojo, también era el dios defensor de los ladrones y de los mentirosos.

Sus bustos estaban por todos lados, colocados sobre columnas, para dar buena suerte a los viandantes, a los mercaderes y a todos aquellos que se dispusieran a negociar un trato; se le representaba con una frondosa barba y, atención, con un gran pene, como representación de su poder masculino.

Como decía, esa mañana todas las estatuas aparecieron mutiladas, con la nariz cortada y el pene mutilado. En la ciudad, cundió el desconcierto y, tiempo después, cuando la expedición a Sicilia y el sitio de Siracusa se saldaron con estrepitosas derrotas, hubo quien consideró aquellas mutilaciones un mal augurio.

Por cierto: por más que se buscó a los responsables, a quienes llamaron «los hermocópidas», no hubo forma de identificarlos.

Y yo me pregunto: ¿no será que Hermes nos sigue guardando rencor? De otro modo, no entiendo por qué nos castiga obligándonos a comer tóxico mercurio cada vez que comemos un pez grande de su mar, el Mediterráneo.

En efecto, podría decirse que el marrajo (o cazón, o tintorera), la raya, el espetón (o barracuda), el dentón, la cigala, la anguila, el rape y el mero son un regalo envenenado del dios Mercurio. Mucho cuidado con comerlos, sobre todo si eres mujer y estás en edad fértil, y más cuidado todavía con dárselos a tus hijos.

Te preguntarás si, una vez metido el pez en una lata, el riesgo de consumo de mercurio desaparece, y tengo de decirte que no es el caso. Montserrat González-Estecha ha estudiado el asunto y sus conclusiones son claras: el contenido de mercurio en el atún enlatado *light* y *white* en España es variable y, en muchos casos, alto.[26] Mientras se establecen regulaciones más estrictas para el mercurio en el atún enlatado, se recomienda que las poblaciones vulnerables (niños y embarazadas) consuman preferentemente caballa enlatada, debido a su bajo contenido en mercurio.

Aun así, por fortuna, no todos los peces están contaminados o no lo están al mismo nivel. Expertos científicos[27] acaban de medir los niveles de mercurio en 1.354 peces de 58 especies de las costas mediterráneas y han recomendado 13 tipos de pescado que son buenos para comer, así que toma nota, que aquí va su listado: sardina, boquerón, besugo, dorada, calamar, bacaladilla, caramel, galán, salmonete de roca, corvallo, salpa y lampuga.

 ¿SE SALVA EL PESCADO EN LATA?

No. También puede estar contaminado con mercurio, por eso aquí va nuestra recomendación:

- Respecto al pescado enlatado, procede de manera similar que con el pescado fresco: elige pescados de menor tamaño (por ejemplo, la caballa o las sardinas), frente a otras especies de mayor tamaño.

Recuerda: mientras que no podamos identificar las características del pescado que se enlata —especie, origen, calidad—, busca especies más ligeras.

15 ¡No chupes las cabezas de las gambas!

Tú aspiras a ser un buen ciudadano y a cuidar el planeta y, por eso, llevas tus pilas con cadmio, o pilas de Ni-Cd, al contenedor adecuado. No contento con ello, también exiges que tu ordenador obsoleto o tu teléfono anticuado se reciclen en algún país con conciencia ambiental y ruegas para que las más modernas prácticas agrícolas sean tan respetuosas contigo como tú lo eres con el medioambiente.

Sin embargo, ese cuidado que pones para mantenerte alejado del cadmio que contienen algunos aparatos tecnológicos no te libra de él. ¿Por qué? Porque cuando llega la Navidad y, cargado de buenos deseos para comenzar el año nuevo, te reúnes con tu familia para cenar con ellos y tomarte las doce uvas... ahí (ay, amigo), chupas las cabezas de las gambas o de los langostinos como el que más.

Sí, los estudiosos nos han venido advirtiendo sobre los riesgos de chupar esas cabezas. Si quieres mantenerte lejos del cadmio, no te va a quedar otra que arrinconar esa costumbre tan española y tan gustosa.

Adiós a meter las manos en la fuente de las gambas, al chasquido que se oye cuando pelas los bichos con las manos, a succionar con deleite el contenido de una cabeza apetitosa, roja y jugosa. Hasta nunca a un rito que se desvanece ya que, además de los prohibitivos precios del marisco, ahora resulta que hay un precio extra que se añade no a nuestro bolsillo, sino a nuestra salud, que no es otro que la exposición alimentaria al cadmio.

Se acabó para siempre chupar la cabeza de las gambas.

 MARISCO SIN CADMIO

- Consume pescado y marisco en su temporada de pesca y evita las especies pescadas en lejanía o producidas de forma industrial.

16 Todo lo que debes saber sobre el cadmio

Ya que lo acabamos de citar, tal vez convendría extenderse un poquito más sobre el cadmio y explicar bien sus peligros. Vamos a ello:

1. El cadmio (Cd) es un metal cuya toxicidad para el adulto es bien conocida, ya que es carcinógeno y se acumula dentro del organismo. Dicen que imita al zinc (Zn) y ocupa sus funciones. Riñón, hígado, pulmón, hueso, testículo y sistema cardiovascular parecen ser el blanco de su acción. Además, es un disruptor endocrino. Es muy peligroso para la infancia, ya que la exposición al cadmio afecta el neurodesarrollo de los niños; además, a mayor exposición, mayor probabilidad tendrán de padecer déficit de atención, dificultades en el aprendizaje e hiperactividad.

2. En nuestros estudios, la mayor fuente de exposición al cadmio es el hábito de fumar. Podría tener una explicación sencilla: los fertilizantes ricos en cadmio se utilizan en muchos cultivos; entre ellos, los de tabaco y, posiblemente, los de marihuana. Las hojas concentran el metal hasta veinte veces, por lo que los fumadores quedan expuestos vía inhalatoria. Aquí tienes una razón más para dejar de fumar... de todo.

3. Al igual que el tabaco, otras muchas plantas, como cereales y arroces, son tratados con fertilizantes fosforados; por lo tanto, quedan impregnadas de cadmio. Pero la cosa no queda ahí: hay cauces de agua que han resultado contaminadas con cadmio procedente de la agricultura y, por ende, los crustáceos que ahora te comes y que habitaban en esas aguas también están contaminados. Para evitarlo, la UE ha organizado todo un programa para favorecer el empleo de fertilizantes con bajo contenido en cadmio que establece medidas para la paulatina reducción de la cantidad máxima permitida de este metal. Desde 2022, el límite es de 60 mg Cd/kg de fósforo (P_2O_5), con el objetivo de reducirlo gradualmente a 20 mg/kg. Se extenderán hasta 2028.

4. Tienes que saber que España ha salido en defensa del cadmio. De hecho, es el país que más resistencia ha opuesto a una regulación para bajar los niveles de este metal pesado en los fertilizantes, dado el interés de las empresas españolas en comercializar los fosfatos del norte de África, muy ricos en cadmio. Es una historia antigua, ¿acaso no recuerdas los fosfatos de Bucraa, la marcha verde y el Sáhara español? Ese fue el comienzo del romance entre España y el cadmio.

 CÓMO MANTENERTE LEJOS DEL CADMIO

La práctica de la agricultura convencional contribuye de forma llamativa a la contaminación ambiental por herbicidas, fungicidas, insecticidas y toda clase de pesticidas y fertilizantes. Al final, la tierra te los devuelve como residuo en los alimentos o como aguas contaminadas. Los peces no escapan del envenenamiento.

El uso y abuso de fertilizantes fosfóricos contribuye a la contaminación ambiental por cadmio. Al final, el metal acaba llegando a tu mesa a través del marisco contaminado y del uso de especies vegetales como el tabaco. Una razón más para dejar el (mal) hábito del tabaco.

• Consume ecológico y controla el origen de tu comida.

La bolsa o la vida

Recomendaciones sobre el envasado de los alimentos

Los componentes del material empleado en el envasado, procesamiento y almacenaje de los alimentos, o incluso para servir las comidas, también pueden ser una fuente de exposición a DE. Los plásticos y el tipo de papel y cartón empleados en el embalaje de los alimentos representan una forma importante de contaminación de estos y de empleo abusivo de materiales derivados del petróleo ya que, al formar parte de su envoltorio o envasado, se traspasan a los alimentos los monómeros del material del que están compuestos o alguno de los componentes o aditivos empleados en su fabricación.

La lista de posibles contaminantes de los envases y utensilios es larga pero, por resumir, está presidida por bisfenoles y ftalatos, seguida por plastificantes, aditivos (como filtros ultravioleta) y conservantes (como los parabenos).

Los fabricantes suelen señalar que se trata de materiales de uso alimentario —¡faltaría más!—, pero eluden especificar de qué plástico está hecho un envase más allá de la marca triangular del reciclado, que da una información limitada del material mayoritario, sin informar sobre aditivos. La situación es aún más compleja para el caso del material reciclado, cuyos componentes no están identificados. Por eso, ante la imposibilidad de saberlo, nuestra recomendación es rechazar su empleo de manera general en la medida de lo posible, hasta que se aclaren con la información debida.

17 Un supermercado de plástico que no regala bolsas

Venga, hagamos un repaso de lo que suele suceder cuando vas al súper:

- Compras 200 g de jamón cortado en un envase de plástico con separador de plástico individual para las lonchas.
- También compras una ensalada en su fiambrera hermética de plástico.
- Para tus niños, te llevas dos botes, uno de kétchup y otro de mostaza, ambos de plástico resistente y vistosos colores.
- Te llevas el pan del día: una barra de pan en su bolsita de plástico perforado.
- ¡No te olvides del desayuno!: dos briks de leche en su cartón plastificado.
- Por último, como en tu casa sois muy sanos, te llevas un litro de zumo de naranja recién exprimido en su botella de plástico.

Bien, ya lo tienes todo, ahora vas a la caja y, a la hora de pagar, el amable cajero te pregunta si traes bolsa o si necesitas una, que te cobrarán, porque resulta que ellos no te pueden regalar una bolsa de plástico, «porque hay que cuidar el planeta y, en este supermercado, no damos plástico».

¡No fastidies!

Lo oí hace poco en el Ministerio de Consumo (y Derechos Sociales, y Agenda 2030, y olé), que facilitaba los siguientes datos: el peso medio de la cesta de la compra que llevamos a casa se estima en unos 16 kilos.

De estos, más de 3 kilos los aportan los diferentes embalajes de productos individuales, casi todos de plástico y papel plastificado.

Si lo piensas, lo de menos son las bolsas de la caja registradora; lo importante son los superempaquetados en toda la cadena alimentaria.

 **CÓMO HUIR DEL PLÁSTICO EN TUS COMPRAS DEL SÚPER**

- Evita el superempaquetado: compra productos a granel.

- Utiliza tus propias bolsas reutilizables para la compra.

- Para el envasado de tus alimentos en tu hogar (el típico táper donde guardas las sobras, por ejemplo), aunque es inevitable en algunos casos recurrir al plástico, utiliza en la medida que puedas envases de cristal, cerámica y acero inoxidable, sobre todo si la comida es de alto contenido en grasa.

No es posible eliminar todo el plástico en el hogar, pero sí se puede reducir su uso.

18 ¡Liberemos a las sardinas en lata! O mejor, no

No hace mucho, alguien me envió una imagen que solo puedo calificar como dantesca, aunque para muchos, por supuesto, resulte inocua o, incluso, «práctica» (esa palabra que odio): se trata ni más ni menos que de una sardina (muerta) salada y envasada individualmente en un recipiente plástico, bien holgada, sin la estrechura que la pobre debía de pasar con sus compañeras, apechugadas todas ellas en una lata de las de toda la vida.

Como diría el Kurtz de *El corazón de las tinieblas*: ¡El horror! ¡El horror!

No sé qué me indigna más de este producto del supermercado: el hecho de que las sardinas se vendan por unidades o la mortaja de plástico que las envuelve, que, además, es reincidente, en el sentido de que hay plástico por todas partes.

La exposición a los DE del empaquetado no es doble, ni siquiera triple... es, ojo al récord, ¡cuádruple! Te la detallo:

1. Una barqueta de blanco poliestireno (PS).

2. Cubierta por un fino film de polietileno (PE).

3. Con una etiqueta de papel perfluorado *water resistant* (PFOA).

4. Y, esta etiqueta, impresa con su tinta epoxi (EP) antiborrado.

Todos estos materiales provienen del petróleo y son DE.

Eso sí, cuando acabes de disfrutar tu sardina, no olvides reciclar la barqueta, el film, la etiqueta, la raspa y las vísceras, cada uno en su contenedor correspondiente (amarillo, azul, gris y marrón). No vaya a ser que te acusen de incívico, maleducado, insolidario y poco ecológico.

Seguro que, camino del basurero multicolor, irás pensando: «Alguien está haciendo el agosto con el negocio del embalaje inútil derivado del petróleo».

PAUTAS PARA EVITAR EL SOBREEMPAQUETADO TÓXICO

- Elige productos frescos y reduce el consumo de alimentos ultraprocesados. Esto te ayudará a reducir la exposición a aditivos, conservantes y colorantes, y al exceso de plásticos del envasado.

- Emplea el cristal, la cerámica o el acero para recoger cualquier alimento que te sirvan a granel y te permitan usar tu propio recipiente.

- Usa bolsas de papel para la merienda o las sobras, en vez de las bolsas de plástico resellables.

- Mejor si el papel de las bolsas que emplees está marcado con ecoetiqueta.

19 ¿Y qué pasa con las latas de conserva?

El 31 de diciembre de 2024, entró en vigor una regulación de la Autoridad Europea de Seguridad Alimentaria (EFSA) que obliga a reducir el valor de máxima ingesta diaria de bisfenol-A (BPA) para los ciudadanos europeos en 20.000 veces. Es un palo serio a la presencia de BPA en los alimentos[28] que, además, pone en entredicho el uso del policarbonato y de las resinas epoxi en los materiales en contacto con tu comida.

En los «despachos del plástico derivado de petróleo» patrio, como es de suponer, cundió el pánico: «¿Qué vamos a hacer con los 500 millones de kilos de BPA que fabricamos en España? ¿Dónde vamos a meter el policarbonato y la resina epoxi?».

Por nuestra parte, después de 30 años advirtiendo que el BPA no es bueno para tu salud, esbozamos media sonrisa. No sabemos en qué alternativa estarán pensando para plastificar tu comida, porque recurrir a otras opciones como la opción del BPF —bisfenol-F, un sustituto del BPA que se halla en algunos productos plásticos, como las resinas epoxi, y que puede considerarse uno de los primeros plásticos comerciales— y del BPS —o bisfenol-S, que se usa también como alternativa al BPA en algunos productos, como plásticos (polisulfonato) y papel térmico— es tan mala como el condenado BPA.

Ya sabes que los biberones de policarbonato se sacaron del mercado porque no parecía adecuado permitir que los lactantes se metieran una dosis de BPA entre pecho y espalda con cada toma. Luego, en 2018, se aplicó esta restricción a los envases de comida infantil, pero nunca llegó la limitación a los alimentos para adultos, a pesar de que algunas adultas puedan llevar niños dentro. Todo un despropósito.

Tendremos que estar atentos para que no ocurra una sustitución lamentable y el remedio sea peor que la enfermedad. Y tendremos también, por nuestra parte, que estar en contacto con las autoridades españolas (por ejemplo, la Agencia Española de Seguridad Alimentaria y Nutrición, cuyo objetivo principal es garantizar la seguridad alimentaria y promover una nutrición saludable en nuestro país) para comprobar cómo van a llevar a cabo el control de la presencia de BPA en las latas. No nos queda otra que confiar en los productores y fabricantes y, sobre todo, en la Administración.

 CÓMO EVITAR EL BISFENOL-A EN LOS ENVASES DE COMIDA

- Limita la compra de alimentos envasados, nunca sabrás si has elegido bien con el polímero plástico que han utilizado en el envase, dadas las pocas facilidades que los fabricantes nos dan para identificar los componentes y aditivos que han usado. Esta es una práctica generalizada para barquetas, fiambreras, botellas y cualquier recipiente de plástico, de metal o de cartón plastificado en su interior. Por eso, lo mejor es evitarlos.

- Busca una alternativa a los alimentos envasados en latas metálicas. Por el momento, no hay manera de que el consumidor sepa si son o no una fuente de bisfenol-A, S o F. Los productos frescos siempre serán mejor alternativa.

- Elige alimentos envasados en cristal, cerámica o acero inoxidable. A pesar de que veas una lámina de plástico en la parte interior de la tapadera metálica de los frascos, siempre tendrás la confianza de que el contacto del alimento con esa parte del envase ha sido más limitado.

- No calientes jamás los alimentos y conservas en su propia lata. Ese proceso favorece la contaminación del alimento con los componentes de las resinas epoxi del recubrimiento interior de la lata. Ojo con el dulce de leche si usas la propia lata para calentar la leche condensada.

- No emplees recipientes de policarbonato y polisulfonato para guardar alimentos ni para cocinar, pueden ser fuente de exposición al bisfenol-A, bisfenol-F y bisfenol-S.

- No calientes ni viertas líquidos calientes en envases de policarbonato. Este plástico se identifica en el grupo de plásticos con un número 7 en el triángulo de reciclado.

20 Como en una peli de Hollywood

Sí, lo hemos visto tantas veces que, de una manera un poco absurda, tenemos ese deseo aspiracional de sentirnos como ellos: Meg Ryan, caminando por las calles de Nueva York con su vaso de café en la mano; o Leo di Caprio, a punto de conquistar Wall Street; o cualquier galán de Hollywood, con ganas de comerse el mundo aunque, en realidad, lo que está es tragándose todos los DE que el dichoso vaso de cartón está transfiriendo a su café bien calentito.

La verdad es que nunca vas a ser lo suficiente experto como para saber qué envases de cartón o de papel están tratados con PFAS (compuestos perfluorados y polifluorados) y cuáles no. Por más que los mires a trasluz o los raspes con la uña, no vas a saber si el dichoso vaso está cubierto de un plastiquillo por dentro o está barnizado con una sustancia misteriosa. Así que renuncia a tu afán aspiracional de parecerte a tu ídolo de las películas y di no a los envases de papel milagroso que aguantan líquidos hirviendo y comidas ultraprocesadas.

Aunque lo cierto es que el problema no se limita a los vasos para los cafés: el papel y el cartón perfluorados (PFAS) ha invadido los lineales del supermercado en forma de envases para alimentos de todo tipo. Verás, en tu supermercado de confianza, metros de estanterías que exhiben vistosas cajitas de dónuts, galletas, rosquillas y un sinfín de productos que se mantienen limpios, sin mancha que muestre su vergonzante carga de grasa. Ten la seguridad de que, hacia adentro, ya están contaminando tu pastelillo industrial.

No hay un solo informe que respalde el uso de vasos de papel para el café como sustituto de los vasos y tazas de plástico puro y duro.[29, 30] Ya sea por la liberación de micro o nanoplásticos, por la presencia de contaminantes químicos que pasan al café que te estás tomando o por las enormes dificultades para un reciclado efectivo, sea como sea, está meridianamente claro que los vasos y tazas de cartón y de papel resistentes a los líquidos calientes no son una opción aceptable: son otro caso más de sustitución lamentable. Lo puedo decir de una manera más clara y contundente: es ir a caer de la sartén al cazo, o pasar de Guatemala a Guatepeor, o de Málaga a Malagón. Así que, por favor, olvídate de esa liturgia malsana de usar y tirar, y pide tu café en una taza, tacita o tazón, o en un vaso de cristal de los de toda la vida. Y tómatelo en la barra, para un poco, descansa. No hace falta que te lo tomes en movimiento; seguro que te puedes permitir esos cinco minutos de tu vida ahí, con tranquilidad, porque tu organismo sin duda te agradecerá que evites el dichoso vaso de cartón. A fin de cuentas, vivimos en España y aquí la calidad de vida es otra. Adónde vamos con prisas. Esto no es Hollywood.

Tu salud y también la del planeta dependen de ese gesto.

Y en casa y en el trabajo, opta por tu jarrita de cerámica o de metal. Tienes decenas de ellas.

Ya puestos a repetirte cosas, no olvides elegir productos frescos, en vez de ultraprocesados o superempaquetados: los fabricantes llevan años abusando de los PFAS en el envasado sin que nadie haya sido capaz de ponerles freno.

Tú puedes decir: «No más. No te quiero. No te compro».

 DI ADIÓS A LOS PERFLUORADOS

- Evita el papel tratado con plástico e impermeable, puede ser fuente importante de exposición a perfluorados.

- Emplea tu propia taza de cerámica o cacillo metálico en el trabajo, es mejor alternativa que el empleo de cualquier material de usar y tirar.

- Evita consumir productos procesados que se sirven en contacto con papel y cartón, más aún si están calientes.

- Busca el ecoetiquetado en cualquier tipo de papel o cartón, así podrás comprobar la composición de los envases y disminuirás la exposición a alquilfenoles, surfactantes, perfluorados, biocidas y fragancias.

21 La paja en el ojo ajeno

¿Qué está pasando con las pajitas de cartón «ecológicas»?

Son, tal vez, una de las mayores paradojas de última hornada con relación al «querer arreglar una cosa y estropear otra» o, como antes te decía con el refrán, salir de la sartén para ir a caer al cazo.

Me explico: andamos los científicos de bata y tubo de ensayo, y los sanitarios de bata y enfermo, esforzándonos por mostrar evidencias científicas de lo malsana que es la exposición a los contaminantes químicos en momentos críticos de nuestra existencia como, por ejemplo, y de manera muy evidente, la infancia y la adolescencia.

También se sabe de lo nocivo y contaminante del plástico, y de la necesidad de sustituirlo por alternativas, y de la normativa que se emitió en su momento para sustituir las pajitas de plástico de un solo uso por su capacidad contaminante.

De acuerdo. Pero ¿no se ha dado cuenta nadie, como nos advierte Pauline Boisacq[31] desde Amberes, de que las pajitas de cartón, papel, bambú o vegetal exótico que han venido a sustituir al maldito plástico son también tóxicas al contener los compuestos químicos perfluorados (PFAS) que les dan esa propiedad milagrosa de «no mojarse»?

Hay alguien, en algún despacho del mundo, que se está riendo a mandíbula batiente de nosotros mientras cuenta sus millones. Nos hemos librado del plástico de las pajitas, sí, pero ahora nuestros niños, en sus fiestas de cumpleaños, o cada vez que piden un refresco, en una edad de crecimiento esencial en la que deberían estar a salvo de exponerse a los DE, están sorbiendo sus bebidas con pajitas de cartón revestidas de perfluorados (PFAS).

No es una suposición, nos lo confirma Andrea Rodríguez-Carrillo[32] desde su estancia como investigadora en Amberes: los adolescentes belgas, españoles y eslovacos están expuestos a los perfluorados (PFAS), y estos contaminantes conducen a alteraciones serias de las hormonas sexuales, relacionadas con su desarrollo y su capacidad reproductiva. Eso no aventura nada bueno.

 EVITA LAS PAJITAS DE CARTÓN

- Busca cualquier alternativa más sana y sostenible a las pajitas de plástico o de cartón: las pajitas metálicas son una excelente opción. Beber en el vaso, también.

- Evita, también, cualquier otra innovación hecha deprisa y a ciegas, que es peor que aquello que se quería sustituir.

Dejemos de innovar a ciegas.

Asegurémonos de que el remedio no es peor que la enfermedad.

Detengamos de una vez ese afán consumista de fines inciertos que añade un riesgo a nuestra vida diaria.

22 Nada como un té calmante de polipropileno

En 2006, un artículo publicado en *The New York Times* anunciaba, con la euforia que entonces hermanaba progreso y plástico, que «la bolsita de té se encontraba en un proceso de reinvención a gran escala». «A partir de ahora —se leía en el periódico estadounidense— las tiernas hojitas de tu infusión estarán contenidas en una sedosa bolsita de malla de nylon con forma de pirámide». Dicho y hecho. Las bolsitas tradicionales de papel, que ya tenían un 25 % de plástico en su composición, iban a ser sustituidas por otras bolsitas 100 % plástico. Se imponía este cambio, a pesar de que nadie se hubiese quejado sobre el uso de las bolsitas tradicionales. «Cosas del desarrollo», apuntaba la periodista.

En 2019, Laura M. Hernández y Nathalie Tufenkji, investigadoras de la Universidad McGill de Canadá,[33] publicaron que, al sumergir en una taza de agua caliente —a 95 °C, como dictan los cánones del buen consumidor de té— una de las nuevas bolsitas de plástico sedoso que contienen tu infusión, se liberan cerca de 12.000 millones de partículas de microplástico y 3.000 millones de partículas de nanoplástico, preferentemente de nylon y de polietileno tereftalato o PET. Su conclusión es devastadora: «Cuando te has bebido tu infusión has ingerido cerca de 20 microgramos de plástico por tacita».

No solo es devastadora: es superior. Es decir, según estas investigadoras, la cantidad de plástico que liberan estas bolsitas y que, por tanto, tú te tomas en la infusión es sensiblemente mayor que la que ingieres por cualquier otro medio que ya hemos comentado aquí, ya sea el agua embotellada en PET, las pajitas de cartón o tu vaso de café para llevar.

¿Dónde están las agencias internacionales, europeas, nacionales y regionales para emitir una opinión acerca de esto y, sobre todo, para regular y prohibir al respecto? No sabemos, quizás ocupadas en problemas de salud más importantes.

Mientras se lo piensan, mientras se deciden y regulan, te recomiendo que vuelvas al sistema tradicional: recupera tu filtro, tu infusor o tu huevo de metal y déjate de beber plástico porque, como nos confirman a través de sus investigaciones Ricardo Marcos y sus colegas,[34] se ha podido demostrar la presencia de fragmentos del plástico polipropileno (PP), procedente de las bolsitas de infusión, en el ADN de una célula intestinal. Ahora, sus trabajos se están centrando en estudiar las consecuencias de esa invasión de nanoplásticos de PP y de nylon sobre la salud del intestino, además del daño celular y nuclear, el estrés oxidativo y la enfermedad crónica intestinal que pueden ocasionar.

Tras algunos tímidos intentos por buscar el plástico menos malo, nos enteramos por una publicación[35] proveniente de la India —ellos entienden mucho de té, te lo aseguro— de que, entre las diversas sustancias que sueltan en el agua caliente las bolsitas de plástico de tu infusión, también se encuentran los PFAS, antiguos conocidos nuestros ya por su toxicidad como disruptores endocrinos y metabólicos, tanto que la comunidad internacional los llama «químicos para siempre», como cantaban en Barcelona 92, por su persistencia y empeño por quedarse dentro de tu cuerpo.

Una razón más para abandonar las nuevas bolsitas de infusión y recuperar costumbres antiguas más sanas e inocuas.

VUELVE A HACER TÉ COMO TODA LA VIDA

- Siempre que vayas a usar algo de plástico en relación con tu comida, indaga sobre la existencia de alternativas más seguras. Recuerda que los plásticos que van a la basura doméstica pueden identificarse con el número de reciclado. Evita los números 3, 6 y 7 por su dificultad para ser reciclados.

- No olvides que los plásticos en aplicaciones alimentarias se vuelven más preocupantes cuando se someten a altas temperaturas. Un ejemplo paradigmático es el uso de las bolsitas piramidales de infusiones hechas de plástico. Elige las que siguen fabricándose de celulosa, a pesar de que lleven algún componente de plástico para la soldadura.

- Para el té o las infusiones, evita consumir aquel que viene empaquetado en bolsitas de nylon o cualquier otro plástico. Busca alternativas más inocuas: puedes comprarlo a granel en infinidad de tiendas, o servido en latas e infusionarlo por tu cuenta, como se ha hecho siempre, echándolo directamente en el agua de la tetera y luego colándolo o usando los infusores de toda la vida, esos que tienen forma de cuchara con pinza y que son de metal, o de bola, o de huevo, casita, etc.

- También se venden hoy día infinidad de tazas para infusiones con su propio sistema para infusionar y colar las hojas de infusión, y que son de cerámica, cristal o metal.

23 Oro verde en envases monodosis

Suprimieron el gel en monodosis en el lavabo del hotel y mi frustración de no poder llevarme nada a casa creció hasta niveles insoportables. He intentado, sin éxito, arrancar los botes de gel, champú y leche corporal de la pared de las duchas de los hoteles, pero están fuertemente anclados. Alguien pensó que era excesivo el gasto de estos productos e insostenible el destino de los envases de plástico monodosis que nadie iba a reciclar. Bien hecho. Sin embargo, no ocurrió lo mismo en la hostelería. En el bar donde tomo cada mañana mi desayuno de funcionario feliz, alguien eliminó las aceiteras de cristal y pensó que la mejor manera de controlar mi ansia de aceite de oliva virgen extra era ofrecerme una cajita de 15 ml de plástico polietileno (PE), sellada con resina epoxi.

Dicen que fue una imposición en 2020[36] a raíz del COVID-19. Pero se fue el virus y quedaron las insostenibles, irreciclables y contaminantes monodosis de plástico petrolero.

Así que, cuando vuelvas al bar a desayunar, recuérdales que el virus ya se fue, que te gusta el aceite de oliva en cristal, que prometes que no te vas a echar el bote entero y que sabes que no hay nadie rellenando las aceiteras con aceite de garrafón.

 ¡QUEREMOS LAS ACEITERAS DE SIEMPRE EN LOS BARES!

- Rechaza los envases monodosis de aceite y de vinagre de plástico que contribuyen a tu exposición a plásticos y sus componentes. Siempre hay una alternativa más segura y con menor impacto ambiental.

- Elige cualquier alternativa a las bolsitas de mayonesa, kétchup o mostaza, ya sabes que nadie las va a reciclar y que acabarán convertidas en millones de micropartículas que ya conocemos como microplásticos.

24 «Tengo más de siete vidas»

Los envases plásticos de usar y tirar gozaron del respaldo social de los «grandes inventos»: eran económicos, fáciles de producir, prácticos, ligeros, resistentes y, acabada la fiesta de cumpleaños, no había que fregar. Todo eran ventajas. Usar (una vez) y tirar (para siempre).

Lástima que luego viésemos cómo estos materiales que abandonamos en la playa después del picnic o tiramos al río tras la excursión se quedan flotando en el agua hasta formar islas como la del Pacífico, que dicen que ya triplica el tamaño de la península Ibérica. Debido a este impacto y toxicidad, en 2019, el Parlamento Europeo prohibió la venta de plásticos de un solo uso «siempre que se contase con alternativas viables».

A estas alturas, y como en España la norma entró en vigor en 2023, uno esperaría que los cubiertos, platos y vasos de plástico ya hubiesen desaparecido de las estanterías de los supermercados. Pero... ¡sorpresa! Siguen allí. Tan colocaditos. Tan formales.

En la línea de caja, mientras esperas tu turno, descubres el secreto al leer con detenimiento el paquete: «Tengo más de siete vidas». Ya no son de un solo uso. Ahora, dicen, puedes usarlos 3, 7 o 20 veces antes de tirarlos al océano.

¿De verdad creen que retrasar la eliminación va a mejorar la situación del plástico desechable? Di no al plástico de usar y tirar.

LÍBRATE DE LOS CUBIERTOS DE PLÁSTICO

- No utilices en tu mesa materiales de usar y tirar: además de la exposición a los componentes químicos y fragmentos de los plásticos, el devenir ambiental de su pésimo reciclado te los traerá de vuelta a casa.

- Usa cubiertos de metal de los de toda la vida, platos que puedas lavar y reutilizar, y vasos y cacillos de metal que entrarán a formar parte de tu ajuar campero.

25 No a las «sustituciones lamentables»

La prestigiosa bióloga y toxicóloga Marike Kolossa-Gehring, nuestra compañera de fatigas que trabaja en la Agencia Alemana del Medio Ambiente (UBA), es experta en biomonitorización humana. Europa y España han apostado por esta opción, que conocemos por las siglas HBM (*human biomonitoring*), ya que es la herramienta ideal para averiguar la exposición de un individuo a mezclas químicas integrando todas las fuentes y vías de exposición externas (dicho en cristiano: vengan de donde vengan y entren por donde quepan).

Marike publicó a finales de 2024 un completo artículo[37] donde analiza la evolución de los niveles de ftalatos (aditivos de los plásticos) en la orina de la población alemana. Los ftalatos, como sabemos, son DE antiandrogénicos —es decir, actúan contra las hormonas masculinas—. En su publicación, nuestra colega comienza alegrándose con la caída tan llamativa de los niveles de ftalatos en la orina, con una reducción de hasta un 90 % para algunos casos. Sin embargo, poco a poco, su entusiasmo va decayendo al constatar las concentraciones en orina de los nuevos ftalatos, que superan con mucho lo que venía siendo habitual en cuanto a los «antiguos ftalatos».

Este es, de nuevo, un ejemplo paradigmático de sustitución lamentable: nuevos ftalatos no regulados reemplazan aquellos que han sido prohibidos.

Según Marike, la exposición a nuevos ftalatos proviene, principalmente, de los alimentos y del ambiente interior de nuestras casas, pues ahí están las mayores fuentes de exposición a estos tóxicos, y la conclusión de su trabajo está clara: empresarios, fabricantes, productores, no nos sigáis tomando el pelo. No sustituyáis un ftalato tóxico por otro aún más peligroso.

Por si no había quedado claro, esto es lo que debemos repetir cuando hablamos de exposición a los tóxicos de los plásticos: NO es NO.

MUCHO CUIDADO CON LOS FTALATOS EN LAS COMIDAS

- Los envases alimentarios son una fuente importante de ftalatos, los cuales no son buenos para tu salud. Descarta el plástico en tu cocina. No insistas. Mientras el fabricante no sea honesto contigo, nunca tendrás la seguridad de haber escogido un plástico bueno.

- La comida rápida exige un alto grado de ingeniería de materiales para mantener el producto atractivo. Como no disponemos de la información deseada sobre los aditivos procedentes de los envases con los que nos entregan la comida rápida, la mejor opción es evitar el consumo de este tipo de alimentos. Consume productos frescos y huye de los ultraprocesados.

26 Un futuro sin tóxicos

En ocasiones nuestro trabajo también consiste, además de investigar, divulgar y muchas otras tareas, en pisar moqueta. Es decir, visitar despachos y hacer trabajo «político». No hace mucho, nos embarcamos en una gira de marcado carácter informativo, pero también político, en la que buscábamos dar a conocer nuestro trabajo y algunos temas que nos preocupaban y, sobre todo, que todo esto diera lugar a la toma de medidas. Acudimos al Congreso de los Diputados, la casa de todos los españoles, para ver primero a la presidenta de las Cortes y, después, a los partidos políticos con representación parlamentaria.

A continuación, ya por la tarde, llamamos a las puertas de los ministerios. El de Sanidad no está lejos del Congreso, por lo que allí llegamos en comitiva junto con los responsables de la fundación Rezero, los representantes de las sociedades española y catalana de Pediatría y un servidor, responsable del Grupo de Endocrinología y Medio Ambiente (GEMASEEN) de la Sociedad Española de Endocrinología y Nutrición.

A todos cuantos nos recibieron, les presentamos un documento sencillo y comprometido titulado «Un futuro sin tóxicos», cuyo objetivo es conseguir el compromiso social y político que permita disminuir la exposición química ambiental de las generaciones futuras. Es decir, a las hijas e hijos del petróleo.

Rosa, de Rezero, sugirió que preguntásemos a los responsables de los ministerios por los avances a la hora de hacer cumplir ciertas restricciones impuestas por órdenes ministeriales recientes, como la que estableció que, desde el 2 de enero de 2020, debía reducirse la cantidad de bisfenol-A (BPA) en los tickets de caja y en los recibos térmicos a menos del 0,02 %.

Por masoquismo tal vez, o más bien por un interés real por comprobar hasta qué punto se toman los políticos en serio nuestras advertencias, nos lanzamos a averiguar cómo se estaba llevando a cabo el control de dicho cumplimiento: «¿Podría decirme quien está supervisando que los recibos y tickets no tengan BPA?».

Tras mi pregunta, hubo un tenso momento de silencio. Las miradas se cruzaron entre políticos, responsables y técnicos, y la respuesta flotó un instante en el aire, sólida como una vergüenza que ninguno quería mirar a la cara: «Nadie».

En efecto, como ya nos había avisado la presidenta del Congreso, el proceso es largo y entre el Parlamento Europeo, las Cortes españolas, las órdenes ministeriales, los reglamentos y su aplicación, las promesas y las buenas intenciones se van diluyendo como partículas de microplásticos en el ancho océano.

 EL PELIGRO DE LOS TICKETS DE CAJA

- Deshazte de los tickets de caja que te han dado en el supermercado, en el datáfono de la tarjeta de crédito o en el cajero, si se trata del papel térmico que no necesita tintas. Es una fuente muy importante de exposición al bisfenol-A.

- ¡Evita que te metan el ticket en la bolsa del pescado o de la carne!

- Si compruebas que el ticket térmico está marcado por el reverso como «sans BPA» o «BPA-free», tampoco te relajes: en muchos lugares, han sustituido en estos recibos el bisfenol-A (BPA) por el bisfenol-S (BPS), que es igualmente tóxico: rechaza los tickets térmicos y opta por el recibo electrónico.

- Si trabajas como cajera en el supermercado y manejas diariamente kilómetros de tickets, asegúrate de que la empresa ha optado por el papel libre de BPA: tu salud y la de tu futuro retoño lo agradecerán.

27 El cielo del vidrio tendrá que esperar

En noviembre de 2024, el Gobierno de nuestra nación se comprometió a implantar un Sistema de Depósito y Retorno (SDR, en castellano: «devolver el casco»)[38] para botellas de plástico tereftalato de polietileno o PET y fijó un plazo de dos años para esta implantación.

Ante esta noticia, surgen algunas preguntas:

- Nos van a cobrar la botella de plástico PET para después devolvernos el dinero, pero un momento: ¿no la cobran ya, incluida en el precio de lo que consumimos?

- ¿Y qué pasa con el plástico de las bandejas, de los envases, de los miles de objetos de polietileno (PE), polipropileno (PP), poliestireno (PS), policarbonato (PC) o PU? ¿No ha llegado su hora?

Por lo que yo sé, la pauta de actuación lógica y consensuada iba a ser la siguiente, y en este orden: reducir, reutilizar, reparar y, por último, reciclar. ¿Por qué poner el énfasis en la última de las acciones (reciclar) sin haber pasado por las anteriores? ¿No sería más práctico intentar no generar residuos?

Parece que, por el momento, las botellas de vidrio retornable y reutilizable tendrán que esperar en España y, mientras tanto, seguiremos consumiendo los refrescos y las bebidas en, fundamentalmente, dos tipos de recipientes que —no lo olvidemos— son fuente de disruptores endocrinos para nuestro organismo porque, bebiendo de las botellas de plástico, estamos tragándonos micropartículas de PET y porque, también, bebiéndonos los refrescos de las latas de metal, nos estamos metiendo a tragos en el cuerpo parte del plástico o de las resinas que recubren el interior de las latas.

Ante esta serie de decepciones y sinsentidos institucionales, se me ocurre proponer un lema para sus campañas: «De derrota en derrota hasta la catástrofe final».

PAUTAS PARA NO BEBERNOS LOS ENVASES

- Busca tus bebidas en envase de vidrio y reclama un sistema de retorno para las botellas de cristal.

- Exige que se implante sin más demora el sistema de retorno de botellas de plástico. Lo único que lo impide es la codicia de algunos.

- Evita el consumo excesivo de latas de refrescos, muchas incorporan un film interior de plástico polietileno o de resina epoxi y, por tanto, te exponen a bisfenoles y microplásticos.

- Evita el consumo excesivo de zumos y bebidas que se almacenan en botellas de plástico o de cartón con interior plástico: nunca sabrás cómo se ha fabricado ese envase y qué aditivos se han empleado.

28 La eterna bolsa del pan de la abuela

La conoces bien, llevas viéndola toda la vida. Su presencia se te hace tan natural que, la verdad, hasta ahora no has reparado en su valor. Es un objeto humilde, cotidiano, incluso evocador. Te hablo de la bolsa de pan de tela.

Esa bolsa del pan hecha de tela ha estado colgada durante años tras la puerta de la cocina. La cosió la abuela, la bordó con un escueto «pan» y la colgó de un clavo que rara vez abandona. Es cierto que ha cambiado algo el contenido: primero eran hogazas infinitas que compartían espacio con los bollos de azúcar; más tarde, barras puntiagudas asomando tentadoras entre el frunce de la cinta corrediza; ahora se llena con panes más sofisticados —esos que tienen apellido: de avena, de espelta, integral, masa madre, etc.—. Pero de ahí sigue saliendo el pan de cada día, el pan casi duro y el pan duro. Es el mejor símbolo de economía de materiales, durabilidad, conciencia ambiental y respeto secular.

La alternativa te la dan gratis en el supermercado: se trata de una bolsa de polietileno con ribetes de polipropileno, fondo de poliestireno y asas vinílicas que mantiene incorrupto un pan industrial congelado que tú vuelves a congelar. Esta sí que es una hija del petróleo, porque toda ella proviene de ahí.

Vuelve a lo de siempre: rechaza las nuevas bolsas de plástico y recupera la humilde dignidad de la bolsa de tela de la abuela, con su carga de nostalgia, sí, pero también de salud. Disfrútala. Si la perdiste o la tiraste (me refiero a la bolsa), no te preocupes, estás a tiempo de recuperarla: sé que cientos de negocios ofertan bolsas de tela «como las de antes». Están hechas de fibras vegetales naturales, no derivadas del petróleo. Esas bolsas, como la que cosió tu abuela hace décadas, estarán contigo durante años y formarán parte de tu legado de austeridad y sostenibilidad.

VUELVE A LAS BOLSAS DE TELA

- Vuelve a las bolsas de tela reutilizables en la cocina, por ejemplo, para el pan.

- Utiliza telas enceradas para guardar los productos.

- Busca siempre una alternativa al plástico en el envase del supermercado. Lleva tu propia bolsa de tela elegida de entre las docenas que te están regalando en congresos, ferias y asociaciones.

Rapunzel lo sabía

Recomendaciones sobre la preparación de alimentos

En 2010, hace quince años ya, Disney estrenó una película que causó furor, sobre todo entre las niñas del momento. La llamaron *Enredados*, supongo que por no darle más protagonismo del debido a la princesa protagonista, que era una Rapunzel la mar de pizpireta, usando su nombre como gancho en el título; como parte de esa nueva era de las princesas Disney —que se quería que fueran menos ñoñas y mucho más modernas e independientes que las antiguas , los guionistas tuvieron la genial ocurrencia de «armar» a esa Rapunzel, que salía por primera vez de su torre y se enfrentaba al mundo, con un objeto infalible a la hora de repartir mandobles y defenderse de indeseables: una sartén.

Sí, una de esas sartenes antiguas, de hierro, de las de toda la vida, que lo mismo le servía a Rapunzel para freír un huevo en su viaje por el mundo recién descubierto y tener la cena lista en un pispás que para, una vez cumplido su uso culinario, soltarle un buen golpazo a cualquier desalmado que quisiera acercarse más de la cuenta a ella.

Rapunzel, sin duda, como buena princesa Disney que se precie, amante de los bosques y de la naturaleza, del medioambiente y de la salud, sabía que las sartenes de hierro de toda la vida son las mejores.

Fíjate bien en la sartén de Rapunzel cuando vuelvas a ver la película con tus críos. Su sartén es sólida, dura décadas, soporta golpes, siempre funciona y, sobre todo, no está recubierta de teflón ni de ningún otro material supuestamente antiadherente, pero también repleto de disruptores endocrinos que sueltan tóxicos en tu comida.

Las princesas Disney no tienen un pelo de tontas: ellas saben mejor que nadie que, a la hora de preparar alimentos, hay que huir de los DE.

29 Antiadherentes: fuente de PFAS

Elige cuidadosamente la batería, las sartenes, las ollas y los utensilios de cocina y evita todos aquellos recubiertos de plástico que aguantan estoicamente el calor e impiden que la tortilla se pegue. Cualquier superficie antiadherente puede contener perfluorados, ya sean tus sartenes antiguas, que ahora muestran el metal de forma vergonzosa, o las modernas, que juran y declaran que están libres de PFOA (ácido perfluorooctanoico) y PFAS (perfluorados). No te fíes. Pueden haber sustituido los compuestos perfluorados malos por otros peores, pero no regulados, como el politetrafluoroetileno (PTFE, comúnmente conocido como «teflón»). Dicen que estos no son un problema en tu cocina si la sartén no alcanza los 250 °C, pero no sabemos si tienen un plan para eliminar estas sartenes cuando decidas que ya no son útiles y las deposites en la basura.

La Administración danesa[39] reconoce que todas las freidoras de aire que han investigado contienen PFAS, aunque explican que es raro que se alcance una temperatura lo suficientemente alta como para que estas sustancias tóxicas se liberen. En cualquier caso, recomiendan que, si aún no la has comprado, busques una libre de PFAS.

Como ya hemos explicado, los perfluorados son un grave problema para la salud porque nuestro organismo no sabe cómo metabolizarlos cuando se ingieren. Al alcanzar la sangre y los tejidos, permanecen dentro para siempre y afectan a nuestro metabolismo y a las hormonas.

En realidad, es indiferente si hablamos de perfluorados o de polifluorados de cadena larga o de cadena corta: unos y otros serán prohibidos más pronto que tarde. Es una cuestión de tiempo que el pulso que se juega entre la Administración y los productores[40] termine cayendo del lógico lado de la salud y del medioambiente.

En cuanto a ti, lo que puedes hacer por tu cuenta es adelantarte a que esta regulación sea un hecho y decir no a los perfluorados.

En su lugar, tienes a tu disposición un sinfín de materiales inertes, duraderos y mucho más sanos y sostenibles como el hierro (acuérdate de la sartén de Rapunzel), el acero, la cerámica, el cristal y la madera. Llegaron a tu casa hace años (siglos) y han contribuido a mantenerla limpia y a mantenerte, tanto a ti como a las personas que te precedieron, sano y a salvo de estos compuestos orgánicos persistentes, tóxicos e indeseables derivados del petróleo.

 EVITA LOS PERFLUORADOS EN TU COCINA

- No utilices sartenes y utensilios de cocina con recubrimiento interior a base de aislantes perfluorados (PFOS y PFOA). Elige materiales de titanio, hierro, acero o cerámica.

- No caigas en la trampa de comprar o usar utensilios antiadherentes que te aseguren estar «libres de PFOA». Los fabricantes se han limitado a sustituir los PFAS de cadena larga por los de cadena corta, pero ni unos ni otros son buenos para tu salud y ninguno está a salvo de ser considerado un DE. Busca alternativas y elige utensilios de metal o cerámica.

- Deshazte del material de cocina ya usado cuya composición u origen no puedes identificar por haber perdido cualquier identificación válida. Cuando decidas tirar estos utensilios, deposítalos en el lugar adecuado, ya sabes que al contenedor amarillo no le gusta tu plástico.

- Limita la temperatura de frituras de patatas y de horneado de pan y cereales, ya que favorece la producción de acrilamida y contribuye a la descomposición del material. No permitas que la sartén perfluorada se queme ni abuses de la temperatura.

30 Microplásticos en tu dieta

Un grupo de investigadores de Noruega y del Reino Unido se han metido en sus cocinas para pasar lista a todos los utensilios de uso habitual e identificar aquellos de plástico. No contentos con ello, han cuantificado los microplásticos que se liberan cuando se prepara la comida con estos utensilios.[41]

No estamos hablando de extraños objetos que usen los ingleses o los noruegos y que no nos suenen por aquí. Han utilizado un táper y un vaso medidor, ambos de polipropileno, un cucharón de poliamida, una tabla de cortar de polietileno, un batidor de silicona y una sartén antiadherente de PTFE (sí, lo hemos visto en el apartado anterior, me refiero al politetrafluoroetileno o teflón, como todos lo conocemos, y que no es otra cosa que un perfluorado).

Pues bien, el uso regular de todos esos materiales ocasiona la contaminación de la comida mediante la incorporación de pedacitos de micro y nanoplásticos a esta, lo que contribuye a nuestra exposición diaria a plásticos por vía digestiva.

El consejo es obvio: selecciona con cuidado los utensilios de cocina y desconfía del plástico milagroso que te promete conservar tu comida intacta, pero conservada en plástico.

Por otra parte, no te olvides de comprobar el estado de tu menaje. En los estudios, llaman mucho la atención las diferencias que entre los utensilios nuevos y aquellos con mucho uso: cuanto más se han usado, más microplásticos liberan.

 HUYE DE LOS MICRO Y NANOPLÁSTICOS AL PREPARAR TUS COMIDAS

- Los micro y nanoplásticos pueden liberarse al usar materiales de cualquier tipo de plástico en tu cocina: busca una alternativa más inocua, como los utensilios de metal, cristal, cerámica o madera.

31 Perfluorados en el microondas: palomitas tóxicas

Los compuestos perfluorados (PFAS) se han utilizado como aditivo en materiales que están en contacto con los alimentos durante décadas, lo que ha contribuido —sin lugar a dudas— a la exposición humana a los DE por vía digestiva.

Como te contaba en el apartado anterior, además de encontrarlos en sartenes y otros materiales de cocina, como componente de las partes antiadherentes de estos utensilios (que, justamente, son las que están en contacto directo con los alimentos), los perfluorados se emplean en envases resistentes a la grasa como, por ejemplo, el papel que envuelve bocadillos y hamburguesas, o en ese papel de horno que parece milagroso aguantando calor e impidiendo que nada se pegue. Todos estos usos están en revisión, a la espera de la piedad y la buena voluntad de los productores para encontrar materiales sustitutivos para estos perfluorados. Pero no te engañes, no están buscando estos sustitutos por iniciativa propia, sino por indicación de la Administración, que se ha mostrado (con razón) empeñada en sacar los PFAS de tu mesa.

Uno de los mejores ejemplos del uso «inocente» de los perfluorados es su presencia en las bolsas de palomitas listas para ser cocinadas en el microondas. Esas que se comen alegremente grandes y chicos cuando organizas tardes de cine en el sofá de casa. Ya sé que es muy cómodo eso de meter la bolsa de palomitas en el microondas, darle a un par de botones y que se hagan solas, pero no tienes por qué hacerlas así. Existe una alternativa para hacer palomitas —«rosetas» las llamábamos en mi casa—, que es la que se empleaba antes y que aún está en el mercado: una buena sartén (sin antiadherente perfluorado), una tapadera ajustada y un poco de aceite.

No te dejes convencer por la modernidad de una bolsa perfluorada que es mala para tu salud y la de los tuyos. Rechaza esa maldita manía de sustituir lo bueno conocido por el papel milagroso pero tóxico.

Esto incluye los nuevos papeles de horno resistentes al agua y a la grasa. Los PFAS forman una capa que repele el agua y los aceites, y evitan que el papel se moje y que los alimentos se peguen al papel, incluso sin usar grasa o aceite adicional. Vaya, un milagro en toda regla. Busca aquellos que certifiquen que están libres de PFAS.

 CÓMO EVITAR LOS PERFLUORADOS EN TUS HORNOS

- Tanto en el microondas como en tu horno convencional, rechaza los materiales plásticos y papeles plastificados. No podemos estar seguros de su composición.

- En el microondas, usa cristal o cerámica. Las bolsas de palomitas en tu microondas son un buen ejemplo de lo que debes olvidar. Vuelve a cualquier sistema tradicional para prepararlas.

- En tu horno convencional, vuelve a los moldes de cristal o de acero inoxidable y trata de no emplear papel de horno muy sofisticado como, por ejemplo, el que es impermeable. Revisa las etiquetas, evita temperaturas muy altas y opta por papeles certificados sin PFAS.

32 Comida precocinada y plastificada

Científicos de la Universidad de Almería publicaron en el verano de 2023 un artículo que tuvo gran repercusión en la prensa[42] en el que, una vez más, ponían el foco en cómo los envases alimentarios donde calentábamos nuestra comida en el microondas contribuían a que partículas de plástico pasasen a esta.

No te estoy contando nada nuevo, lo sé. Pero es que hay más: en el artículo, se ofrece una de las primeras evidencias sobre el maridaje entre los plásticos de la bolsa de patatas precocinadas y la propia patata. Me explico: al analizar las patatas precocinadas que se calientan en el microondas, tras completarse este proceso, se ha demostrado que en las patatas aparecen nuevos compuestos químicos desconocidos hasta ahora. ¿Qué son? No se sabe. ¿Son tóxicos? «Ojalá no lo sean», nos dicen los científicos. En todo caso, si nos comemos las patatas, nos estamos comiendo estos compuestos, y a ellos vamos a tener que acostumbrarnos nosotros y nuestras familias...

Aun así, sí hay algunas cosas que sabemos sobre estos nuevos químicos que aparecen en las patatas: sabemos que la bolsa de plástico donde venía la patata contiene un «fotoiniciador» que alguien usó para fabricar la propia bolsa de polipropileno. Ese fotoiniciador, fiel a sus principios, reacciona con los componentes de la comida al calor del microondas y, así como suena, plastifica la patata.

«¿Y eso es malo?», preguntan los periodistas a los científicos autores del estudio.

«Hombre», responden los científicos, «aún no se sabe, hacen falta más estudios pero, por si acaso, mejor no usar plástico en el microondas y mucho mejor, ya te lo digo yo, comer patatas sin plastificar. Por lo que pueda pasar».

Y yo me quedo pensando. Y tú me dices: «Soy alérgica a la lactosa». Y vuelvo a pensar... qué sabrás lo que trae tu super-comida.

FUERA PLÁSTICOS DE TU MICROONDAS

- No calientes en tu microondas los alimentos en materiales plásticos.

- No calientes comida precocinada en bolsas plastificadas.

- No emplees fiambreras de plástico para calentar comida en tu microondas, a pesar de que esté recomendado su uso alimentario: por el momento, la información disponible sobre su comportamiento al calentarse es muy escasa y poco segura.

- Huye en general de los alimentos preparados listos para ser consumidos tras su paso por el microondas. Por mucho que te aseguren que todo está en regla, no es así. La reacción entre el envase y la comida es más que probable.

Come productos frescos. Rechaza los ultraprocesados.

33 Silicona en tus bizcochos

Tal vez te genere curiosidad saber cómo se inventaron las siliconas: en ese afán de inventar cosas nuevas que nos hagan la vida más fácil (¿?), alguien decidió sustituir los átomos de carbono (C) por los de silicio (Si) en los polímeros sintéticos. Fue así como las siliconas vinieron al mundo. Si tienes curiosidad por saber de dónde viene su nombre, seguramente habrás acertado: sí, viene de *silicon*, que es como llaman los anglosajones al silicio.

Ahora que ya las conoces, pasemos a sus múltiples aplicaciones, entre ellas, por supuesto, su uso en la fabricación de muchos utensilios de cocina, como las espátulas y moldes para hornear tartas, pasteles y magdalenas.

Durante años, los investigadores nos hemos preguntado qué ocurre con la silicona cuando se somete a altas temperaturas. Nuestros amigos y colegas del Consejo Danés de Consumidores nos ofrecen la respuesta en un revelador y demoledor informe[43] publicado tras someter a altas temperaturas 23 moldes de silicona. De estos, solo 4 resultaron seguros. De los restantes, 9 liberaron sustancias peligrosas, aunque en bajas concentraciones; 8 presentaron contaminantes tóxicos; y 2 moldes para magdalenas superaban los límites de migración de tóxicos establecidos por la UE para los materiales en contacto con los alimentos.

Y, ante estos datos, ¿cuál es nuestra recomendación?

No te sorprenderá: como es imposible saber de antemano cuáles son los mejores moldes, mientras la autoridad europea se aclara y ordena a los fabricantes identificar sus componentes, nuestro consejo es que aparques tus moldes de silicona y hornees tus pasteles y bizcochos en cualquier otra alternativa más saludable y segura.

CÓMO MANEJARTE CON LAS SILICONAS EN LA COCINA

- Deshazte de los moldes de silicona desgastados. Sin embargo, ten mucho cuidado, no los tires en cualquier parte, recuerda que la silicona es irreciclable y no sabemos dónde acabarán.

- Si vas a usar moldes de silicona, usa solo aquellos que indiquen la temperatura máxima a la que se pueden utilizar y que procedan de la Unión Europea.

- Antes de hornear por primera vez con un molde de silicona, asegúrate de lavarlo muy bien y caliéntalo vacío en el horno durante unas horas a 200 ºC.

- No coloques los moldes de silicona muy cerca de las paredes del horno.

34 Siliconas fuera del molde

En el apartado anterior, vimos cómo actuaban sobre los alimentos, bajo el efecto del calor, los moldes de silicona usados para hornear bizcochos y magdalenas. Gracias a la valentía del informe publicado en 2022 en Dinamarca, pudimos saber que el calor hacía que estos moldes provocaran la liberación de compuestos tóxicos —como dimeticonas, algunos plastificantes, ftalatos e, incluso, bisfenol-A— que pasan a los alimentos horneados.

Pese a que por ahora la Administración parece ignorar este tema, nosotros no nos podemos quedar de brazos cruzados y, por eso, te recomendamos que evites usar en tu horno utensilios de silicona baratos y de origen incierto.

Sin embargo, una nueva duda nos surge: ¿qué pasa con la gran cantidad de utensilios de silicona que tienes en tu cocina y que no son moldes para hornear?

Con relación a estos, una nueva publicación[44] algo más reciente, de 2023, nos pone sobre aviso y añade nuevas informaciones sobre cómo los componentes tóxicos de las siliconas pasan a nuestros alimentos, demostrando que en 31 utensilios de cocina hechos de silicona analizados, además de los moldes de horno, como platos, tazas, tablas de cortar, espátulas y bolsas para amasar, aparece toxicidad de tipo hormonal en el 84 % —ya sea actividad estrogénica (64 %), antiestrogénica (19 %), androgénica (42 %) y antiandrogénica (39 %)—. Esto se relaciona con alguno de los 38 compuestos químicos que desprenden las siliconas (metilsiloxanos, plastificantes, lubricantes y metales).

Es decir, el peligro está en las siliconas, más allá de que se sometan al calor del horno. Cuando las usamos «en frío» en nuestra cocina, como sucede con las tablas de cortar o las láminas sobre las que amasamos, también existe la transmisión de compuestos tóxicos.

Ya sabes que las agencias reguladoras se cuidan mucho de NO considerar el efecto combinado o cóctel cuando analizan el riesgo de los compuestos químicos. Al no asumir que el cóctel es lo que define la toxicidad, todo parece estar bajo control y las concentraciones de contaminantes que impregnan tu comida les parecen inofensivas. Pero no lo son, máxime cuando la evaluación toxicológica considera el efecto cambiado o cóctel, que es cuando ocurre lo que aquí te comentamos.

La conclusión es simple: evita las siliconas en tu cocina, no solo en el horno, sino en cualquier utensilio que esté en contacto con tus alimentos.

 DI NO A LAS SILICONAS EN TU COCINA

- No utilices materiales de silicona en tu cocina. Siempre hay una buena alternativa hecha de algún material más seguro, perdurable y con una historia de inocuidad que lo hace la mejor elección.

- Las fuentes de exposición son muy variadas; las vías, más reducidas (digestiva, respiratoria, dérmica, etc.), pero todas confluyen en ti: ojo con el efecto cóctel.

35 Las tablas sin ley

Seré claro y directo: deshazte de tu tabla de cortar de plástico, ¡ya! Hay muy buenas alternativas en el mercado, ya sean de madera, bambú, metal o cristal que puedes lavar y mantener en perfecto estado.

Cada año te metes en el cuerpo 50 gramos de polietileno o propileno que van a tu comida porque la cortas sobre esa tablita de plástico,[45] presuntamente tan higiénica y tan fácil de limpiar. Mi consejo es el siguiente: preocúpate tú por tu salud. Nadie más lo hará. No esperes a que la pesada máquina de una Administración lenta y dubitativa decida que ese plástico no te conviene. Tardará demasiado en regularlo y, para ese momento, ya habrás consumido muchísimo plástico que, sin duda, no necesitas. Tú quieres comida de la que se come y se digiere, no quieres 80 millones anuales de bolitas de plástico dentro de tu organismo.

Ahora sabemos que esos microplásticos, una vez que están en tu intestino, pasarán (o no) al torrente circulatorio y se irán (o no) por las heces, pero en su trayecto van a producir inflamación local.[46] En la era de la enfermedad inflamatoria intestinal, con tu microbiota en riesgo y su corolario de males afines, no esperes a que tu especialista en aparato digestivo se entere de lo que ocurre en tu mundo interior.

 SACA EL PLÁSTICO DE TU COCINA

- Tu cocina es una fuente infinita de micro y nanoplásticos. Emplea utensilios de metal, cristal o cerámica.

- Los MNP pueden liberarse al emplear de forma prolongada utensilios de plástico que se desgastan, deforman o agrietan: no alargues su vida hasta el infinito. Renuévalos.

- Tira a la basura la tabla de cortar de plástico. Ojo, antes tendrás que saber en qué contendor puedes depositarla. ¿En el amarillo? ¿En el gris? ¿En el punto limpio?

36 Un broche hecho de cápsulas de café

En 2018 se pusieron en el mercado mundial 59.000.000.000 de cápsulas de café. Sí, es un dato asombroso pero correcto: cincuenta y nueve mil millones de cápsulas de café... que nadie pensó que habría que reciclar.

En España, a raíz del boom de las cápsulas de café, y conscientes de la gravedad del asunto, todo fueron buenas intenciones: «A ver si para el año próximo establecemos un sistema de recogida», «a ver si podemos hacer algo más que tirarlas», «a ver si se nos ocurre algo».

Pero las soluciones no llegaron y, mientras, los chicos del aparato oficial del reciclaje ya comenzaron a advertirnos de la enormidad del problema en su web:[47]

> ¿Qué hacer con las cápsulas?
> Cualquier cosa menos tirarlas al contenedor amarillo o de restos, esa no es la mejor opción. Las cápsulas pueden ser recicladas, pero debemos hacerlo de forma correcta y llevarlas al punto de reciclaje más adecuado. Las cápsulas de café no se desprenden de su contenido, a no ser que lo hagamos nosotros, y por ello requieren un tratamiento distinto.

Y fue aquí donde se les ocurrió la gran idea (te copio el párrafo de manera literal aquí abajo):

> Una opción es vaciar el café de dentro y usar las cápsulas para hacer manualidades. ¡Hay un montón de ideas originales esperándote! Estas manualidades no solo fomentan la creatividad, sino que también dan una segunda vida a las cápsulas, convirtiéndolas en objetos decorativos o utilitarios.

No me lo puedo creer. Todo el aparato oficial del reciclaje proponiéndonos manualidades con la basura que, además, es una basura tóxica; porque, como ya sabemos, los micro y nanoplásticos (MNP) pueden liberarse al someter los utensilios de plástico a altas temperaturas, y las cápsulas de café de plástico son un ejemplo más que paradigmático de esto.

No te trata de hacer manualidades. No se trata de someter a cincuenta y nueve mil millones de capsulas de café (ya sean de aluminio, de plástico o mixtas) a un concienzudo lavado para convertirlas en abanicos, broches y castañuelas, ideales para adornar una España de pandereta. Se trata de eliminarlas de la ecuación: no son sanas, no son buenas, son un problema ambiental y para nuestra salud.

Convertirlas en adornos no es la solución. La solución es que no existan, que no las usemos, que seamos conscientes de hasta qué punto pueden ser perjudiciales y que nuestra Administración las prohíba.

Todo lo demás podrá ser muy decorativo, pero será malo.

 LOS PROBLEMAS DE LAS CÁPSULAS DE CAFÉ

- Busca otra manera más sana e inocua de prepararte el café, no uses las cápsulas. Liberan tóxicos a altas temperaturas que acaban en tu taza.

- Las capsulas de café (ya sean de aluminio, de aluminio forrado con plástico o simplemente de plástico) son un problema ambiental sobrecogedor debido a la ausencia y el fracaso de los sistemas de recolección y reciclado. Busca cualquier alternativa más sana y sostenible a la hora de beber café.

37 No al plástico en el comedor escolar

Parece que, en los últimos tiempos, los comedores escolares se han puesto las pilas: es un objetivo común en casi todos ellos que los menús escolares sean mejores, evitando los ultraprocesados, procurando abastecerse de productos ecológicos, buscando que los alimentos sean de temporada y de cercanía, y que la dieta se ajuste a los requerimientos nutricionales más estrictos y saludables para la edad de los comensales. Ya te comenté que el Real Decreto 315/2025, del 15 de abril, establece las normas de desarrollo de la Ley 17/2011 sobre seguridad alimentaria y nutrición para el fomento de una alimentación saludable y sostenible en centros educativos. Una legislación largamente esperada que leemos con avidez.[48]

Esto nos deja más tranquilos a todos a la hora de mandar a nuestros hijos y nietos a la escuela y a su comedor. Recibimos por e-mail el menú y vemos que es más sano, sí, pero... ¿nos dicen algo en ese menú de qué menaje usan en el comedor?

La mayoría han eliminado en los últimos tiempos los vasos y platos de cristal, así como las bandejas metálicas, y los han sustituido por vistosísimas vajillas de plástico y bandejas de PVC y policarbonato. Lo han hecho porque, nos dicen, son materiales más económicos, pero también más vistosos, limpios y que se ajustan, por supuesto, a los requerimientos de la ley para su uso en comedores infantiles. Estaría de más que fuese ilegal.

En contraposición a esta tendencia, resulta curioso comprobar que en Francia se haya prohibido tajantemente el empleo de plásticos de cualquier tipo en la conservación, preparación o servicio de comida en los comedores escolares, desde la guardería hasta la universidad. La medida se votó en la Asamblea Nacional en el año 2018 y entró en vigor, sin restricciones, el 1 de enero de 2025.

¿Por qué en los comedores españoles no volvemos al uso de materiales que comprometan menos nuestra salud, como el cristal y el acero inoxidable?

¿Cuándo nos daremos cuenta en este país de los riesgos y

de la inviabilidad del plástico en la comida escolar y, por extensión, en la restauración colectiva de residencias y hospitales? Mientras nuestra Administración espabila, te diría que, en la próxima reunión del colegio, saques el tema a colación e intentes, mediante votación y con la argumentación que podrás apoyar en las demostraciones científicas y que llega avalada por infinidad de estudios, convencerles de la restricción del plástico y de la vuelta al metal, a la cerámica y al cristal en el comedor de tus hijos por el bien de los niños.

 SAQUEMOS EL PLÁSTICO DE LOS COMEDORES ESCOLARES

- Protege a tus hijas e hijos de la exposición a aditivos del plástico en comedores escolares que empleen de forma reiterada utensilios y materiales de plástico para transportar, cocinar, calentar y servir la comida. A pesar de que estén marcadas con el símbolo de la copa y el tenedor para uso alimentario, nunca estaremos seguros de que estén fabricados con el plástico adecuado ni de cuántos MNP van a ingerir con el menú del día.

- Los MNP también pueden liberarse al usar recipientes plásticos en ciclos de congelación y descongelación: el problema no está solo al calentarlo. Por tanto, exige que se empleen materiales alternativos, como el cristal, y no permitas que digan que todo es legal.

- Exige metal y cristal para el servicio en los comedores, desde las bandejas hasta los platos, vasos y jarras.

- Aprovecha tus exigencias para comprobar que se cumple la expulsión de las máquinas de *vending* embutidas de comida basura y ultraprocesada, de agua en plástico petrolero y de bebidas azucaradas y energéticas incompatibles con la alimentación sana.

- Apoya la ley y permite que haya una máquina de café en la sala de profesores. De otra manera, no llegarán a final de curso.

Belleza mortal

Recomendaciones sobre cosméticos

Los cosméticos son una fuente más que probable de exposición a los DE, debido a la gran cantidad de principios activos presentes en la formulación de los productos de higiene personal y de belleza que han sido identificados como disruptores endocrinos. Desde los parabenos hasta los filtros ultravioleta, pasando por el triclosán y los ftalatos, el abanico de posibilidades de exposición debido al uso de cosméticos es amplio, más si se tiene en cuenta el elevado número de estos productos que usamos cada día. En Europa, una mujer emplea una media de diez cosméticos diarios, cantidad que llega a quince distintos en una semana. El número de componentes en cada cosmético supera, en muchos de los casos, los treinta. Así pues, el escenario de exposición a los DE a través de la cosmética está servido.

La Unión Europea ha hecho un gran esfuerzo imponiendo mediante normativas la regulación necesaria para que el público pueda identificar los componentes de los cosméticos. En un intento de unificación de la información, se emplea la Nomenclatura Internacional de Ingredientes Cosméticos (INCI), sistema elegido para la redacción de las etiquetas basado en nombres científicos y otras lenguas como el latín y el inglés; pero, aun así, la lectura de las etiquetas no es fácil.

- En primer lugar, por el tamaño de la letra.

- En segundo lugar, por la dificultad del reconocimiento de los nombres particulares de cada uno de los componentes, que son extraños, incluso para el químico experto, en ocasiones.

- En tercer lugar, porque esos nombres esconden bajo palabras confusas —*parfum*, *fragrance*— componentes no identificados y que en muchas ocasiones los productores no quieren revelar para evitar, aseguran, la copia e imitación de su «fórmula maestra» por la competencia.

- En cuarto y último lugar, porque aún no sabemos la verdadera naturaleza toxicológica de muchos de estos componentes, ya que no han sido investigados suficientemente en lo que se refiere a la disrupción endocrina.

Pese a lo complejo del etiquetado y lo obtuso que resulta a la hora de interpretarlo, sí hemos podido comprobar que muchos de los componentes de los cosméticos presentan una gran facilidad de absorción dérmica, y en algunos casos incluso por vía oral —recuérdese el uso de colutorios y pastas de dientes— y hasta respiratoria, ya que muchos de los productos cosméticos están diseñados para estimular nuestro sistema olfativo (no solo nos referimos a las colonias y perfumes, sino a muchos otros productos que como factor de atracción de la clientela usan su olor).

La conclusión es que, en lo que a productos de higiene y cosmética se refiere, las vías de entrada al organismo son muy variadas —dérmica, digestiva e inhalatoria—, lo que contribuye a un mayor grado de exposición a tóxicos del usuario.

38 Fragrance y parfum, un cóctel tóxico y oloroso

No tardará mucho en hacerse completamente efectiva la nueva regulación europea en relación al nuevo etiquetado de perfumes, productos cosméticos perfumados, detergentes, suavizantes, ambientadores y otros productos domésticos. Esta regulación de la UE determina que los fabricantes deben indicar la composición precisa que esconden los términos *fragrance* y *parfum* en el etiquetado.[49] ¡Por fin! De entrada, y en cuanto a lo que a nosotros nos ocupa y nos preocupa, es decir, a los DE, exigen que, de los 3.000 posibles componentes de las *fragrances*, se identifiquen 80 alérgenos que sabemos que se incluyen de manera habitual en esas *fragrances*, pero que no están sujetos a ningún requisito de etiquetado individual. Otros componentes disruptores endocrinos tendrán que esperar para ser señalados por su nombre y apellidos, pero no perdemos la esperanza.

No se trata de un capricho vano de nuestros gobernantes. Los DE incluidos en los cosméticos son muy dañinos para nuestra salud, y no olvidemos que están en contacto directo con nuestra piel, que los inhalamos, que nos embadurnamos con ellos, que nuestra piel los absorbe, que nos lavamos, nos pintamos la cara y nos teñimos el pelo con ellos. Tan peligrosos son que existen estudios en Estados Unidos que han demostrado que en California las peluqueras, esteticistas, masajistas y enfermeras geriátricas tienen un riesgo 50 veces mayor que las trabajadoras de otras profesiones de sufrir alergias cutáneas por las llamadas *fragrances* de los productos que manejan. A esto se une un mayor nivel de asma relacionado con su trabajo.

Estos, matizo, son datos provenientes de Estados Unidos. En Europa, al menos por ahora, estos números no están nada claros.

La conclusión es obvia: ya sea que llegue a hacerse efectiva la regulación de la UE o no, debes aprender a identificar los productos tóxicos que llevan los cosméticos y los productos de higiene que utilizas. Si es preciso, cómprate unas buenas gafas de cerca para leer las etiquetas, pero hazlo: lee las etiquetas.

Descubrirás decenas de componentes tóxicos y, cuando lo hagas, empieza a decir «no me gusta», «es peligroso», y exige la retirada del mercado de todo aquello que ponga tu salud en entredicho.

 ALGO HUELE A PODRIDO EN TU NECESER

- Familiarízate con los nombres y nomenclaturas de los principales ingredientes de tus cosméticos. Si te resulta complicado de entrada, recurre a la lista INCI, que regula en la UE los nombres bajo los cuales pueden aparecer los diferentes ingredientes.

- Identifica los productos cosméticos que no contienen ftalatos. De estos, el único autorizado en Europa es el *diethyl phthalate* o dietilftalato (DEP), que puede aparecer como derivado del *phthalic acid*. Otros ftalatos autorizados son el DINP, DIDP y DNOP, pero son de escaso uso en los cosméticos.

- Recuerda que el ftalato puede entrar en la formulación de *fragrance* o *parfum* y, por tanto, no aparecer en la composición listada en el envase.

- En cualquier caso, busca un aliado en tu perfumería, peluquería o salón de belleza para que sean ellos los que hagan la selección de productos libres de DE y microplásticos por ti.

39 Qué pelo más sedoso con la química fina

Muchos de los materiales y compuestos de nueva síntesis están formados por unidades de carbono, y, para obtener los distintos tipos de carbono, recurrimos en gran parte de los casos a los hidrocarburos, más concretamente a largas cadenas de carbono e hidrógeno que nos recuerdan los cadáveres de millones de seres vivos vegetales y animales que ahora exhuman las grandes compañías petrolíferas en los pozos de gas y de petróleo.

Pero hete aquí que alguien pensó en un arranque de genialidad: «¿Por qué no reescribir la historia con un átomo primo hermano del carbono y con estructura atómica parecida? ¿Por qué no con el silicio (Si)? Al fin y al cabo, este átomo es el más abundante en la corteza terrestre. ¡Vamos con ello!».

Fue así como aparecieron las siliconas, de las que ya te he hablado en el apartado anterior, en mis recomendaciones relativas a las siliconas empleadas para fabricar utensilios de cocina como moldes, espátulas, etc. Ahora, lo que tenemos son largas cadenas de silicio que imitan a las de carbono y que puedes reconocer e identificar, por ejemplo, en la composición de las prótesis mamarias, en los utensilios de cocina ya mencionados, en los materiales que empleamos en nuestro hogar como la «masilla-sella-todo» y sí, también como aditivos en tus cosméticos y productos de cuidado personal.

Precisamente, una de esas siliconas es tan popular que forma parte de tu champú porque deja tu pelo, como dirían en la publicidad, más brillante, más agradable, más sano... Las puedes identificar en la etiqueta bajo el nombre de methicone, y debes rechazarlo siempre cuando compruebes que su nombre incluye el prefijo cyclo-, como en el caso de cyclotetrasiloxane (D4).[50]

Hazme caso, por favor. Tu salud te lo agradecerá.

**ALÉJATE DE LOS COSMÉTICOS
QUE INCLUYAN SILICONAS**

- Evita las siliconas en tus productos cosméticos. Son muy frecuentes en champús, cremas y desodorantes.

- En la nomenclatura INCI las siliconas más nocivas aparecen como cyclopentasiloxane o como octamethylcyclotetrasiloxane (D4), y es un DE bien caracterizado que ahora se restringirá por la UE debido a su impacto ambiental.

- De paso, ya que hablamos de pelo, evita también los productos que tengan en su composición resorcinol, frecuente en las formulaciones de tintes para el cabello, de champú, de lociones y de algunos productos dermatológicos para el acné y el eccema. Es un conocido DE tiroideo.

40 ¡No te muerdas las uñas!

Siempre hemos sabido que no es bueno comerse las uñas, pero es que ahora es peor: hay hasta quince productos químicos incluidos en el menú, además de las uñas en sí, y ninguno es sano. Me refiero, por supuesto, a todos los componentes que forman parte de los esmaltes con los que te pintas las uñas y que, si te las muerdes, te estás tragando. En los esmaltes, llenos de productos tóxicos, destacan como los componentes más nocivos el ftalato de dibutilo, el formaldehído, el tolueno, la resina de formaldehído, el alcanfor, la acetona, el bisfenol-A, la tosilamida etílica, el éter de glicol, el etoxilato de nonilfenol, diversos parabenos, el estireno, varios sulfatos, el fosfato de trifenilo y, para rematar, el xileno.

Pero, no contentos con ello, ahora se les unen también los tan temidos perfluorados (PFAS) que, como ya te comenté, los expertos llaman *forever chemicals* o «compuestos químicos para siempre». La UE los persigue como al demonio por su toxicidad y su enorme persistencia dentro de tu cuerpo. Ya han prohibido dos docenas de PFAS, y es buena noticia, pero resulta que existen unos 12.000, y esa es mala noticia, porque quitárnoslos de encima va a llevar tiempo.[51]

Si pensabas que hacerte la manicura y pintarte las uñas era una tarea concienzuda que requería de concentración y tiempo, ahora espero que hayas comprobado que es, además, una mezcolanza de químicos en la que cabe de todo, desde benzofenonas que ayudan a la polimerización y protegen de la radiación UV hasta los perfluorados PFAS, que aumentan la durabilidad y la resistencia al agua del esmalte pero que, también, son DE persistentes.

No te olvides tampoco de la persona que te está pintando las uñas. En Francia, la Agencia Nacional de Seguridad Sanitaria de la Alimentación, el Medio Ambiente y el Trabajo (ANSES) califica la manicura como una profesión de importante riesgo químico que exige la protección de las trabajadoras.[52] Quizá por esta razón nos horroriza aún más la noticia de las trabajadoras vietnamitas semiesclavizadas en salones de uñas repartidos por varias ciudades españolas que la Policía Nacional ha liberado muy recientemente. A la tragedia de su sufrimiento como personas, hay que añadir el riesgo de exposición laboral a contaminantes tóxicos de todas estas profesionales.

 MIRA CÓMO TE PINTAS LAS UÑAS

- La mayoría de acrilatos y metacrilatos comunes en los esmaltes de uñas no están en la lista oficial de los DE, pero sí algunos de sus aditivos, como las benzofenonas, que pueden ser usadas como fotoiniciadores o estabilizantes. La lista es larga y la UE irá prohibiéndolos o limitando su uso. En breve caerán TPO y DMTA y luego seguirán más. Adelántate y no te pongas en riesgo.

- La UE está regulando los PFAS en todas sus aplicaciones; mientras esta regulación llega, no es buena idea que sigas pintándote las uñas como has hecho hasta ahora. Infórmate del contenido de los esmaltes.

- Durante la aplicación, se emplean múltiples y variados solventes que pueden entrar por inhalación en cabinas mal ventiladas. La exposición crónica para profesionales (manicuristas, esteticistas) incrementa el riesgo acumulado.

- Lo mejor es que hables con tu manicura o con tu proveedora habitual de esmaltes para que te ayude a identificar los componentes de los geles UV y de las uñas de plástico que vayas a utilizar. La idea es elegir aquellas formulaciones más inofensivas para evitar una exposición gratuita a DE que, además, pagas a precio de oro.

41 Un hilo muy sano no tan sano

Ya sabemos que muchos cosméticos y productos de cuidado personal pueden contener perfluorados (PFAS) y, como ya hemos comentado en las páginas precedentes, debido a su deficiente etiquetado, te puede resultar muy difícil identificarlos. No te agobies. Mientras los productores responsables comienzan por hacer etiquetas comprensibles primero, y van sacando de sus formulaciones estos perfluorados tóxicos después, tú no tienes por qué esperar y ya puedes empezar a tomar medidas por tu cuenta.

Te recomiendo que te borres ya mismo del uso de algunos. Mi consejo es que uno de los primeros de tu lista sea el hilo dental.

¿Por qué? Ahora te cuento.

En primer lugar, es importante que sepas que deberías rechazar todo lo que suene a «fluoro», como el politetrafluoroetileno o el DEA-C8-18 perfluoroalquiletil fosfato, en su composición. No queremos esos compuestos orgánicos perfluorados y polifluorados en nuestra piel y mucosas, y aún menos en nuestra boca.

No me estoy refiriendo al fluoruro sódico (FNa) de la pasta de dientes. Es importante este detalle. La diferencia que hay entre el FNa y los PFAS es la misma que hay entre la sal del mar (ClNa) y el pesticida DDT, por poner un ejemplo fácil de entender. Es decir: no nos asusta el flúor, ni el cloro, ni el bromo... pero sí nos aterran los perfluorados, los organoclorados y los polibromados. Es más, dan tanto miedo que la comunidad científica y la autoridad reguladora, que tratan de excluirlos de nuestro medio a marchas forzadas, los han identificado, como te comenté al principio de este libro, con el sambenito de la «docena sucia» y los han colocado en la lista maldita junto al DDT, los PCB, los polibromados y otros compuestos muy tóxicos y persistentes regulados por el Convenio de Estocolmo.

En el caso del hilo dental, si te recomiendo que lo abandones no es porque lo asociemos al flúor de la pasta de dientes.

En absoluto. Este es sanísimo y muy necesario para tu higiene dental. Pero sabemos que en la composición del hilo dental se usan perfluorados, que contienen DE de los peores.

Mi recomendación es que, si quieres usarlo con seguridad, te asegures de que está libre de perfluorados mirando su composición.

 OJO AL DIENTE

- Deja de usar el hilo dental si contiene perfluorados y exige al fabricante que declare su presencia en la composición o advierta que está libre de PFAS.

42 Sombra aquí y sombra allá

Los expertos de la Agencia Europea de Sustancias y Mezclas Químicas (ECHA) han realizado una lectura detallada de las etiquetas de 4.500 cosméticos en 13 países europeos (entre los que no figura España) y han hallado componentes muy tóxicos y peligrosos en 285 productos.[53]

Se trata de componentes que incluyen compuestos con perfluorados y con ciclometiconas, algunos de los cuales están expresamente prohibidos en el marco del Convenio de Estocolmo, ya sabes, esa lista maldita que empezó años atrás con la «docena sucia», en la que se incluyen lindezas como el DDT o los PCB (bifenilos policlorados) y que debemos evitar a toda costa.

La ECHA pone el trabajo de búsqueda e identificación en nosotros, pobres consumidores desavisados, y nos explica que es el propio usuario de estos productos quien puede y debe identificar los compuestos prohibidos que se encuentran entre los componentes de algunos cosméticos. Te paso una lista:

• Perfluorononyl dimethicone
• Perfluorooctylethyl triethoxysilane
• Perfluorononylethyl carboxydecyl PEG-10 dimethicon
• Cyclotetrasiloxane (D4)
• Cyclopentasiloxane (D5)
• Cyclomethicone (una mezcla de D4, D5 y D6)

Como son buena gente, estos expertos de la ECHA, y ya que nos cargan con la obligación de leernos las etiquetas y de buscar todos estos nombrecitos, al menos se apiadan de nosotros y, para evitarnos que tengamos que revisar toda la estantería de cosméticos y productos de cuidado personal, nos dan algunas pistas sobre los productos que deberíamos evitar:

• Delineador de ojos (*eyeliner*) y perfilador de labios (*lipliner*), ya sea como pincel o lápiz. Qué tienes que buscar: perfluorononyl dimethicone.

- Acondicionador de pelo y mascarilla facial. Qué tienes que buscar: cyclopentasiloxane (D5), cyclotetrasiloxane (D4) y cyclomethicone.

No te quedes ni boquiabierta ni ojiplática (aunque cualquiera de estas dos opciones podría ser en sentido literal) pero, también, que no te tomen el pelo (y esto también va en sentido literal): pasa a la acción y toma medidas, exige que la autoridad competente se lo tome en serio, aunque ahora has de ser tú quien se ponga las gafas o tome la lupa para escudriñar las etiquetas o rastree más detalles en el sitio web de la propia marca en busca de la composición de sus productos y de la presencia de estos componentes tóxicos en ellos. No olvides que debería ser la Administración quien se encargase de este trabajo. Reclama que lo hagan ellos y que den cumplida cuenta de sus hallazgos por el bien de todos.

 OJO CON TUS OJOS (Y CON TUS LABIOS, Y CON TU PELO)

- Presta atención a la composición de los lápices de ojos y de los perfiladores de labios. Busca que no contengan dimeticonas fluoradas.

- Rechaza los acondicionadores de pelo y las mascarillas faciales que incluyan en su composición dimeticonas cíclicas.

43 De qué está hecha la purpurina

Existe una forma muy perversa, y en apariencia inocente, de atiborrarnos de microplásticos. Tal vez es una de las maneras de exponernos a ellos más estúpida e inconsciente, y lo peor es que esta exposición atañe no solo a los humanos, sino que también conlleva pésimas consecuencias para el medioambiente. Estoy hablando, sí, de la purpurina.

¿Es broma?

Pues no, no lo es. El empleo de la purpurina, o la también llamada «glittermanía», nos satura de microplásticos y, no lo olvidemos, es un elemento decorativo especialmente presente en los disfraces y en los vestidos de muchas niñas y niños, así como en sus juegos de maquillaje infantil, juguetes, etc.

Como ya sabemos, la purpurina es un microplástico de diseño, exactamente igual que los microplásticos que contiene tu crema exfoliante o tu perfume,[54] y el 25 de septiembre de 2023 los funcionarios de la Comisión Europea al fin se decidieron: «¡Todos a la guillotina!», gritaron. A la guillotina del decreto, se entiende. Así, ese día publicaron un reglamento cuyo objetivo es restringir el uso de los microplásticos que se añaden a muchos productos de uso habitual, como la ya citada purpurina o las microperlas incluidas en muchos productos cosméticos.

Su decisión fue que la purpurina tendría que dejar de comercializarse desde el 17 de octubre de ese mismo año. En cambio, para los microplásticos de los cosméticos establecieron unos plazos en los que los productores y proveedores tendrían que buscar el modo de fabricar sus productos sin estos, y esos plazos, dependiendo del tipo de productos, podrían extenderse desde cuatro a doce años. Una barbaridad de tiempo, como se ve, que nos llevaría hasta 2035. Miedo me da la cantidad de microplásticos que se pueden seguir vertiendo al mar (y a nuestros organismos) en ese tiempo.

Y más miedo me da todavía pensar cuáles podrán ser esos sustitutos a los microplásticos en los que está trabajando la industria cosmética. Estoy seguro de que será peor, como siempre, el remedio que la enfermedad. Es una auténtica lástima de tiempo perdido y por perder. La UE ha diferido la decisión para prohibir el empleo de los microplásticos en algunos casos más allá de la cosmética que claman al cielo por su volumen y riesgo, entre los que se cuentan el material de relleno granular utilizado en las superficies deportivas artificiales (recuerda también que se emplea en los parques infantiles y en el uso urbano), una de las mayores fuentes de microplásticos intencionales en el medioambiente; y los detergentes, suavizantes, fertilizantes, productos fitosanitarios, juguetes, medicamentos y productos sanitarios que los contienen.

 USO Y DAÑO DE LOS MICROPLÁSTICOS ABRASIVOS

- Evita también la purpurina que has usado durante años: son microplásticos de diseño.

- Más allá de la purpurina, cuyo uso podríamos definir como puramente lúdico, hemos de ser muy cuidadosos y precavidos con la toxicidad de los microplásticos añadidos intencionadamente como abrasivos a la formulación de jabones de manos, cara, pasta de dientes, baños de burbujas y champús. No tenemos demasiados datos aún sobre las dimensiones de su toxicidad, pero sí sabemos que, una vez en el medioambiente, puede atrapar contaminantes orgánicos persistentes, algunos de los cuales son DE. Así pues, la conclusión es clara: evítalos.

44 Cosmética «de toda la vida»

En la sección de noticias de un sitio web que me fascina, El Castellano,[55] podrás encontrar muchas curiosidades y datos interesantísimos, pero la noticia que nos ocupa tiene que ver con la estética y con una costumbre que pervive hasta hoy: nos cuentan que los autores del siglo XIII describían el *kajal* o *kohl* como «un polvillo finísimo de antimonio empleado por las mujeres para ennegrecerse los ojos», y explican que el término proviene del árabe vulgar *al kohól* (*al khul*, en árabe clásico), que significa antimonio.

No les falta razón, sin duda. Desde tiempos prehistóricos, el mineral de sulfuro de antimonio se usa como ese polvillo fino que servía para decorarse en los rituales de mujeres y hombres primitivos. De hecho, algunos pueblos y regiones de España aún recuerdan con sus nombres la actividad minera ligada al antimonio. Así, quien circule por la A92 y pase por Baza verá la inmensa mole del cerro Jabalcón (*jab-al-kuhl*, que significa «el monte del *kohl*») y no le costará imaginar, a partir de ahora, las caras y cuerpos pintados de nuestros ancestros, incluida la ibérica Dama de Baza.

Pero si traigo aquí el tema del antimonio, por desgracia, no es por un motivo tan evocador. En uno de nuestros artículos[56] sobre la presencia de metales y metaloides en la leche de madres sanas —que, como te contaba al principio de este libro, pudimos estudiar gracias a nuestros análisis en los bancos de leche materna—, nuestra compañera Carmen Freire señalaba la presencia de antimonio (Sb) como contaminante tóxico, inoportuno e indeseable en la leche.

Gracias a un estudio de Elisabet Navarro,[57] sabemos que, en el kohl comercial, el antimonio ha sido sustituido por el plomo. No sé qué es peor. Parece que caemos de la sartén al fuego.

EL PELIGRO DE LOS COSMÉTICOS TRADICIONALES

- Existen cosméticos artesanos, o tradicionales, que podemos comprar en mercadillos o en viajes fuera de Europa y que no están regulados por la legislación europea. Algunos de ellos son peligrosos: pueden contener componentes que no son seguros.

- No te dejes convencer, opta por cosméticos y productos de cuidado personal sobre los que tienes la garantía de poder conocer, siempre, su composición.

45 Cosméticos y endometriosis

Nuestros compañeros Fran Peinado y Olga Ocón lideraron en 2020 un estudio clínico[58] sobre la endometriosis muy esclarecedor, pues las pruebas que realizaron demostraban la asociación directa entre la exposición al componente del plástico bisfenol-A (BPA) y el riesgo de padecer endometriosis. Más tarde, nuevas entregas[59] se centraron en cómo la exposición a ciertos componentes de cosméticos y productos de cuidado personal se asocia, de nuevo, con el riesgo de padecer endometriosis, además de explicar algunos de los mecanismos moleculares que vinculan exposición y enfermedad.

No nos resulta extraño, ya que las benzofenonas y los parabenos son DE. A mayor uso de cosméticos en los que abundan estos componentes (como mascarillas, pintalabios, cremas faciales, pedicura, tintes, cremas, laca y espuma para el cabello), mayores niveles internos de parabenos y benzofenonas se registran, lo que redunda en un mayor factor de riesgo para padecer endometriosis, debido a la presencia de estos DE.

Es necesario que se aplique una regulación más estricta que determine de un modo restrictivo qué cantidades de estos compuestos son adecuadas en cosméticos, así como en infinidad de productos de higiene personal para mujeres, hombres y niños; y, también, si no lo son en absoluto. Mientras esto sucede, no queda más remedio que aprender de manera particular a identificar las fuentes de exposición y cómo evitarlas.

Sí, lo has adivinado, ahora es cuando te digo que te pongas las gafas y mires con mucho cuidado las etiquetas INCI de tus cosméticos, por pequeña que sea la letra. Después, ya sabes lo que tienes que hacer: elige cosméticos que no tengan parabenos y benzofenonas en su formulación.

EVITA LAS BENZOFENONAS Y LOS PARABENOS

- Identifica los cosméticos y productos de higiene personal que listan entre sus componentes benzofenonas y parabenos. El efecto combinado de estos DE no es conveniente para tu salud reproductiva.

- Identifica los productos que contienen alquilfenoles que aparecen bajo el nombre INCI de nonilfenol o nonoxinol. Este último es el más frecuente de los espermicidas en el mercado español, ya sea en óvulos vaginales, condones, esponjas anticonceptivas, lubricantes para uso vaginal y diafragmas vaginales, en donde aparece bajo el nombre de nonoxinol-9.

- Identifica aquellos productos que contienen el glicol éter fenoxietanol, que puede ser tóxico para la reproducción, por lo que se aconseja que no se formule en productos para niños de menos de tres años.

- Elige pañales con ecoetiqueta, lo que reducirá la exposición a aditivos plásticos, adhesivos, tintas, fragancias, lociones, siliconas (D4), triclosán, parabenos o formaldehído, que están prohibidos o restringidos bajo ese etiquetado.

- No olvides que los envases de tus cosméticos o de tu perfume también pueden ser fuente de ftalatos. Evita ciertos envases plásticos como los de PVC, que reconocerás por el número 3 dentro del triángulo de reciclado.

46 Ellos también usan cosméticos peligrosos

El problema de los DE en los cosméticos y los productos de higiene no es un asunto que deba preocupar en exclusiva a las mujeres, y no quisiera que, por lo leído y expuesto en las páginas anteriores, pudiera entenderse así. Es más, en un riguroso estudio científico, y tras realizar un detallado seguimiento a más de 1.800 hombres españoles durante veinte años, los investigadores[60] han demostrado que existe una relación directa y real entre la exposición a un conjunto de parabenos (PB) y el riesgo de padecer cáncer de próstata. Uno de estos parabenos (metilparabeno) circula por la sangre del 80 % de los hombres estudiados. Cuanto mayor es su concentración, mayor es la probabilidad de padecer cáncer.

Como se ha detallado en las páginas precedentes, sabemos que los parabenos son mimetizadores de las hormonas sexuales y, por tanto, sin ninguna duda, disruptores endocrinos (DE); sabemos también, y también sin ninguna duda, que estos parabenos han sido hallados en la formulación de numerosos cosméticos y productos de cuidado personal que son de uso frecuente tanto para hombres como para mujeres, e incluso niños. Por último, y debido a su toxicidad, sabemos que la UE ha regulado y limitado a la baja el número y la cantidad de parabenos que se permite que contengan estos productos.

¿Qué más puedo decirte para que te tomes mis advertencias en serio?

Te puedo contar que infinidad de estudios han hallado la presencia de parabenos en la orina de la mayor parte de los españoles y que, en la mujer, se asocian con el riesgo de padecer, por ejemplo, endometriosis y, en los hombres, con la posibilidad de sufrir cáncer de próstata.

La conclusión es muy sencilla: si las regulaciones inútiles no te protegen, en tu mano está tomar medidas para protegerte de los parabenos.

No lo dudes. Hazlo.

CÓMO EVITAR LOS PARABENOS

- Busca en los componentes de tus cosméticos y productos de higiene personal el rastro de los parabenos en cualquiera de sus presentaciones, por más que estas fórmulas estén prohibidas en la UE. Pueden aparecer bajo los siguientes nombres: isopropil, isobutil, fenil, bencil y pentilparabeno (ojo, porque estos nombres pueden estar precedidos de los prefijos metil- o eti-, y también es posible que su concentración se regule a la baja y aparezcan detrás de los prefijos propil- o butil-).

- No olvides que, en cualquier caso, está prohibido que se incluyan parabenos en productos formulados para niños y destinados a ellos.

- Elige cosméticos con ecoetiquetado. Ello es un indicativo de que el fabricante admite reconocer el problema de la disrupción endocrina y se esfuerza en ofrecer productos que supriman, limiten o reduzcan el empleo de ciertas sustancias reconocidas o bajo sospecha de ser DE.

47 «No es país para el tiroides»

Un artículo de la revista *Ethic* nos revela cuáles son los diez medicamentos más vendidos con receta en España.[61] Llama poderosamente la atención que la hormona tiroidea (Eutirox) aparezca en la quinta posición en el ranking de ventas, tan solo detrás de cuatro analgésicos bien conocidos (Nolotil, Adiro, Paracetamol, Enantyum, Eutirox, Ventolin, Sintrom, Orfidal, Lexatin y Omeprazol). Seguro que te suena más de una medicina, tanto de las que están antes como de las que aparecen después del Eutirox. Pero, volviendo al dato que nos interesa, y parafraseando la maravillosa película de los hermanos Cohen que le valió un Oscar a Javier Bardem, *No es país para viejos*, definitivamente, el nuestro «no es país para el tiroides».

Te preguntarás qué está pasando con nuestros tiroides. No parece muy normal que haya en España tanto tiroides enfermo (¿o sí?) que nos lleve a consumir, sobre todo a las mujeres, esos niveles de tiroxina. Eso indica, ni más ni menos, que el sistema inmune de miles de mujeres con las que nos cruzamos día a día está rechazando su propio tiroides.

Tiene que haber gato encerrado, alguna causa externa ha de estar contribuyendo, y mucho, a que se dé esta patología a estos niveles.

¿Me echo a adivinar?

Seguro que ya intuyes por dónde voy... Sí, estás en lo cierto: la exposición a contaminantes ambientales con actividad antitiroidea es una buena hipótesis de causa ambiental para el incremento de esta enfermedad y (aquí llega la buena noticia) de fácil prevención.

Te puedo contar que existe un compuesto llamado triclosán (sobre el que me extenderé en el próximo apartado) que aparece en las fórmulas de infinidad de desodorantes y de jabones antibacterianos y que, como buen disruptor endocrino que es, influye enormemente en el funcionamiento de tu tiroides.

También te puedo contar que la UE ya se ha puesto en marcha para prohibir que el triclosán aparezca, a partir de 2025, en las formulaciones de dentífricos para niños. Sin embargo, olvidan que hay adultos que llevan niños dentro y que nosotros identificamos como «mujeres embarazadas», y no existe ninguna restricción en cuanto a los productos con triclosán que estas pueden utilizar sin saber de su toxicidad.

En este mundo de machos con autoridad reguladora, parece que no tienen cabida las mujeres, ni su fisiología particular, ni su posibilidad de ser madres, ni la trasmisión materno-infantil de contaminantes no deseados.

 EL PELIGRO DEL TRICLOSÁN Y DÓNDE ESTÁ ESTE

- Identifica en el listado de los productos de cuidado personal aquellos que contienen triclosán. La regulación para su eliminación aún tardará. Adelántate y no los utilices.

- El triclosán puede formar parte de jabones antibacterianos líquidos o en barra, geles de ducha y champús; está presente especialmente en productos que se comercializan con el reclamo de ser «antibacterianos»: desodorantes y antitranspirantes; cosméticos de tratamiento facial para combatir el acné; enjuagues bucales con fórmulas antisépticas; productos para pies que se formulen como antimicóticos y desodorantes; productos de higiene íntima con propiedades «antibacterianas» y toallitas húmedas, especialmente las etiquetadas como de «higiene profunda».

- Cuando por causa profesional te veas obligado al lavado frecuente de manos, evita el empleo de jabones que contengan agentes antibacterianos como el triclosán.

48 Cuida de tu tiroides a través de tus dientes

El triclosán, que ya he citado en el apartado anterior, es un agente antibacteriano muy común que se emplea con frecuencia, además de en desodorantes y jabones, en las formulaciones de la pasta de dientes. Tras más de diez años de un insufrible «tira y afloja» con la Administración encargada de regular su uso, al fin la UE decidió en abril de 2024 que el triclosán debe eliminarse definitivamente de las formulaciones de ciertos productos de higiene dental.[62] Para ello, ha comenzado ordenando su prohibición en los enjuagues bucales y en las pastas de dientes de los niños menores de 6 años. Si tienes seis años y un día, no pasa nada, o eso deben de pensar los señores que dictan las normas de la UE... Pero, pese a todo, aún no podemos respirar aliviados (insisto, en lo que a los niños menores de 6 años atañe; a los demás, que el triclosán nos pille confesados), porque la normativa estipula un plazo de tiempo para que los fabricantes vayan retirando estos productos del mercado.

¿Qué pensamos los científicos y estudiosos de esta medida, a todas luces insuficiente?

Sencillo. Según la Sociedad Estadounidense del Tiroides (ATA), «la amenaza global que representa el triclosán como disruptor endocrino tiroideo no está resuelta». Y no lo está, sencillamente, porque esta regulación es claramente insuficiente para proteger la función tiroidea en personas que viven en áreas con deficiencia de yodo y en pacientes, principalmente mujeres, con problemas de autoinmunidad tiroidea.

Mientras la autoridad y los comerciantes discuten —¿serán galgos?, ¿serán podencos?— y se implementan nuevas prohibiciones y limitaciones para el triclosán, tú, que ya estás informada, elige cualquier producto libre de triclosán y combate tu tiroiditis.

Y recuerda: la lista de disruptores endocrinos con actividad antitiroidea incluye otros muchos compuestos químicos que ya hemos mencionado, algunos de los cuales forman parte de los ingredientes de los cosméticos, como la benzofenona-1 y

-3 (*oxybenzone*), los parabenos (metil-, propil-, butil-), el octinoxato (*octyl methoxycinnamate*), los ftalatos (DEP, DBP), el resorcinol y los siloxanos (D4, D5).

 CÓMO MANTENER TU TIROIDES LIBRE DE DISRUPTORES

- Elige productos (especialmente, productos dentífricos) sin triclosán, un agente antibacteriano muy común que, como DE que es, puede provocar alteraciones en la función tiroidea.

- Lee las listas de ingredientes y trata de identificar los DE antitiroideos con su nombre de la nomenclatura internacional (INCI).

- Si quieres aún más información, la lista europea de los DE está aquí: https://edlists.org.

49 El bisfenol-A se cuela en tu boca

Seguro que no lo habías pensado nunca, pero ¿sabes de qué están hechas las férulas y los aparatos de ortodoncia que están en contacto directo y frecuente con tu boca y con las de tus hijos? ¿No te lo has planteado nunca? ¿De qué plásticos se hacen los retenedores dentales? ¿Es posible que sean nocivos para nosotros?

Tienes que saber que publicamos el primer artículo científico internacional —primera noticia al respecto— sobre bisfenol-A (BPA) en *composites* y selladores dentales hace casi treinta años. Rosa Pulgar hizo su tesis doctoral[63] sobre el tema y, durante estos años, ha difundido la información entre sus colegas estomatólogos y odontólogos. Desde entonces, el debate sobre BPA en tu boca está en boca de todos.

Lo cierto es que, a raíz de que la Autoridad Europea de Seguridad Alimentaria (EFSA) haya revisado a la baja la exposición máxima aceptable por vía digestiva al conocido disruptor BPA, se ha reavivado el clamor de las voces que piden a los odontólogos certezas sobre si los aparatos de ortodoncia pueden liberarlo («¡Por fin!», piensan algunos).

Como respuesta a esta demanda, y también como parte de sus propias inquietudes profesionales, un grupo de odontólogos revisó[64] en julio de 2024 la escasa literatura científica al respecto y sacó algunas muy interesantes conclusiones:

- La liberación de BPA es máxima tras la cementación de *brackets* o retenedores metálicos, pero disminuye con el tiempo.
- Los retenedores termoplásticos liberan niveles más altos de BPA y durante más tiempo que los retenedores Hawley.
- La eliminación de los restos de adhesivo puede ayudar a reducir el BPA a los niveles basales; aunque, en el caso de los *brackets* estéticos de policarbonato, la liberación de BPA permanece activa hasta que se retiran.

Por otra parte, uno de los estudios más sólidos, realizados por

Watanabe y citado por los autores, muestra que la liberación de BPA a partir de los *brackets* de policarbonato, puestos durante 34 meses, es de 374 μg/g (8,2 μg por *bracket* para uno de 22 mg). Así, si le aplican 10 *brackets* a una persona de 40 kg de peso durante 34 meses, la ingesta total de BPA será de 82 μg o, lo que es lo mismo, una ingesta diaria de 2 ng/Kg/día de BPA.

Conclusión: esta cantidad de BPA es 10 veces más que lo establecido como seguro por la EFSA, que fija la ingesta diaria tolerable para BPA en 0,2 ng/Kg/día.

Alguien va a tener que revisar muy seriamente la seguridad en la odontología.

 CONSEJOS SOBRE LOS DISRUPTORES EN TU ORTODONCIA

- Tu odontólogo tiene que ser tu aliado. Al igual que cuida con profesionalidad tu salud bucodental, debe implicarse en la protección de tu salud hormonal. Pídele que saque el BPA de tu boca en cualquiera de sus formas y aplicaciones: adhesivos, aparatos de ortodoncia, selladores y composites.

50 El sol, sus peligros, y los peligros de las cremas solares

Las benzofenonas (BP) son filtros ultravioletas empleados en multitud de cremas y otras aplicaciones para protegernos de la acción de la radiación UV. En España se han publicado —gracias a tu financiación mediante tus impuestos— excelentes trabajos de investigación que muestran que las niñas y niños españoles están expuestos desde el vientre materno a un grupo variado de estas sustancias químicas.

Así, sabemos que la benzofenona está en el 17 % de las sangres del cordón umbilical, y que se encuentra también en el 30 % de las primeras caquitas (meconio) de los recién nacidos y en el 75 % de las leches de las madres que amamantan. Pero este otro dato es aún peor: la totalidad (100 %) de las placentas humanas contienen benzofenona, al igual que la orina de los adolescentes españoles.

Y hay más: la concentración de benzofenona que se alcanza en sangre tras la aplicación de una crema solar comercial es igual a la concentración que desencadena un efecto hormonal en modelos experimentales *in vitro* e *in vivo*.

Por supuesto, es importantísimo que nos protejamos del sol y de los efectos perniciosos de las radiaciones ultravioleta, pero ello no debe implicar que, por protegernos del sol, acabemos cayendo en el error de ponernos «a tiro» de las benzofenonas.

Así pues, para evitar el cáncer de piel sigue estas recomendaciones:

- Estés donde estés, es importante protegerse cuando el sol aprieta.
- La mejor manera de disfrutar del sol con seguridad es ponerse a la sombra, usar ropa y crema solar para proteger la piel.
- La crema de protección solar no significa que puedas pasar más tiempo al sol, pero es útil para proteger las partes de la piel que no quedan cubiertas por la ropa.

En conclusión, elige con atención tu sombra, tu ropa y tu crema:

- La sombra debe ser buena.
- La ropa debe ser sostenible.
- La crema no debe tener benzofenona. La identificarás con estos nombres posibles como ingrediente en la clasificación INCI: bp-3, oxybenzone, benzophenone-3, 2-hydroxy-4-methoxybenzophenone.

 PAUTAS PARA EVITAR LA BENZOFENONA

- Evita el uso de productos que contienen filtros ultravioleta basados en benzofenonas, canfenos y oxicinamatos, ya que están bajo sospecha de producir disrupción endocrina. Aparecen en la clasificación INCI como benzophenone, oxybenzone, ethylhexyl methoxycinnamate y 4-methylbenzylidene camphor.

- Elige cremas con filtros ultravioleta que emplean dióxido de titanio y óxido de zinc, conocidos como filtros inorgánicos o minerales.

- No obstante, si eliges estos últimos, busca formulaciones que no vayan en forma de nanopartículas, debido a que el conocimiento que tenemos de su toxicidad es aún limitado.

51 Un sol de muerte

El pintor valenciano Joaquín Sorolla reflejó como nadie en su tiempo esas imágenes cotidianas de playa, sol y agua marina de nuestras costas mediterráneas. Mi recomendación en este apartado es que vuelvas a zambullirte en el Mediterráneo guiado por su mirada y su mano de artista.

Fíjate bien en sus pinturas: llama poderosamente la atención la protección frente al sol que muestran todos sus personajes. Excepto algunos niños desnudos que disfrutan de las olas, el resto se cubren con ropas ligeras, blancas, pañuelos y sombreros. Siempre ha sido así. Todos sabemos (ya se sabía hace cien años, en tiempos de Sorolla) que el sol quema y produce lesiones cancerosas en la piel. Pero hete aquí que, a partir de los años cincuenta del siglo xx, se nos ocurrió «destaparnos» y encontramos en el tostadero solar no solo una nueva estética —el bronceado—, sino también el mayor de los negocios de la economía española: esa «España soleada (*Sunny Spain*)» que vendemos como uno de nuestros privilegios (el sol constante) sin caer en sus peligros.

No te estoy contando nada nuevo: las consecuencias del sol para la salud son muy claras y evidentes, y están fuera de toda discusión. Se producen cerca de 80.000 casos nuevos de cáncer de piel al año en nuestro país, a tal punto que es el más frecuente de los cánceres en España.

Sin embargo, como *Spain is different*, para evitar este desaguisado, a los «españolistos» se nos ha ocurrido —en vez de seguir las recomendaciones de la OMS (IARC), que nos dice que no tomemos el sol entre las 12 del mediodía y las 5 de la tarde— pasar olímpicamente de estos consejos, ir a la playa cuando nos da la gana, y para protegernos, en vez de ponernos a la sombra, untarnos en benzofenona (que ya sabemos cuánto tiene de disruptor endocrino) y otros potingues milagrosos que nos protegerán de nuestra codicia solar.

En respuesta a esta actitud inconsciente, nuestro colega Vicente Mustieles, otro levantino y brillante investigador, nos regaló en 2023 una nueva entrega realista, dura y provocadora de realidad en forma de un detallado artículo,[65] donde presenta la evidencia apabullante de los efectos hormonales de las benzofenonas (BP) en nuestro organismo, y que recientemente vuelve a revisar y a vincular con la obesidad en adolescentes de toda Europa.[66]

Ya sabes que las benzofenonas son unos filtros ultravioleta que deberían ser retirados de inmediato de la formulación de las cremas solares, pero, mientras esto no sucede, no digas que no te hemos advertido.

Es más, los médicos, los investigadores y los científicos no solo estamos advirtiendo a los usuarios y consumidores: hemos advertido a los profesionales de la cosmética, a sanitarios e, incluso, a la autoridad europea y a la americana...

Se lo hemos dejado bien claro a todo el mundo y no nos están haciendo caso.

Pero tú, al menos, puedes protegerte del sol sin untarte de benzofenonas de un modo tan sencillo como poniéndote a la sombra. No me digas después que no te he avisado.

 UN CÓCTEL BAJO EL SOL

- No confíes en el uso exclusivo de productos que contienen filtros ultravioleta para tu protección solar. Hay otros medios más eficaces bien conocidos: ponte a la sombra y usa ropa protectora.

- El empleo de crema solar para proteger la piel no significa que puedas pasar más tiempo al sol, pero es útil para proteger las partes de la piel que no quedan cubiertas por la ropa.

- Exige un mayor control sobre los componentes de las cremas solares: las benzofenonas son especialmente peligrosas para niños y adolescentes, por someterlos a DE con consecuencias adversas para su salud hormonal.

52 Higiene íntima: tampones metalizados

Al menos la mitad de los seres humanos que habitan la Tierra tienen la menstruación. Eso acontece durante cerca de cuarenta años (por lo general, de los 12 a los 51 años) para todas las mujeres alrededor del mundo. A pesar de ello, a muchos les sigue pareciendo un fenómeno peculiar y limitado a ciertos grupos de menor interés que no merece ni mayor estudio ni mayores medidas.

Menos mal que las mujeres están ahí al quite. Al principio, fue Luz Iribarne-Durán[67] quien, animada por la ginecóloga Enriqueta Barranco, analizó la sangre menstrual en busca de contaminantes químicos disruptores endocrinos. Y allí estaban las benzofenonas y los parabenos. Pero ¿de dónde vienen? ¿Estaban circulando en sangre por todo el cuerpo y por aquí se han liberado?

Ahora, un grupo de científicas estadounidenses han publicado un artículo[68] que muestra la presencia de metales y metaloides en diferentes marcas de tampones usados en la higiene femenina. No es cosa menor. Las autoras del estudio detallan que, en los tampones, hay plomo, arsénico, cadmio y otros 13 elementos, además de lo que ya conocíamos por otros estudios (dioxinas, furanos, hidrocarburos aromáticos policíclicos, fragancias, ftalatos, parabenos y bisfenoles). Y no importa si los tampones son de algodón natural o de celulosa sintética (rayón/viscosa), ya que tanto unos como otros contienen este increíble cóctel de sustancias, y muchas de ellas son DE.

Tras dejarnos con la boca abierta con este estudio, una periodista preguntó a las expertas si se ha hallado alguna evidencia del daño causado por estas exposiciones a DE a través de los tampones. Ha habido opiniones para todos los gustos: desde los que dicen que «hasta que no pase algo, no hay que hacer nada», hasta los que creen que la Administración debería ser más estricta regulando la composición de un material tan delicado; al menos, claman que debería ser tan cuidadosa como lo es con los cosméticos y productos de cuidado personal.

No debemos olvidar que, en Europa, las decisiones en materia de regulación deben ser tomadas bajo las recomendaciones del principio de precaución, que es de carácter preventivo y anticipatorio, y que determina que «no es la mujer expuesta a metales y metaloides por vía vaginal la que debe demostrar el daño, sino el que vende los tampones el que debe demostrar la inocuidad».

Mientras las autoridades deciden si actuar o no, si regular o no, aquí va mi consejo: las autoras de la publicación han echado cuentas y han llegado a la conclusión de que, si tu opción predilecta son los tampones, consumirás una media de más de 7.000 en tu vida. A mí me parece que es motivo más que suficiente para que exijas más controles en un producto tan —nunca mejor dicho— íntimo.

 LA HIGIENE ÍNTIMA TAMBIÉN IMPORTA

- Elige productos con ecoetiqueta para la higiene íntima, ya sean compresas o tampones; de esa manera, correrás menor riesgo de exposición a aditivos plásticos, adhesivos, tintas, fragancias, lociones, siliconas (D4), triclosán, parabenos, benzofenonas y formaldehído, que están prohibidos o restringidos bajo ese etiquetado.

53 Caras de polipropileno afieltrado: pulmones en riesgo

Mientras nos debatimos en una discusión sin fin para procurar la mejor protección para nuestros pulmones frente a los contaminantes externos microbiológicos y químicos, nos vamos haciendo a la idea de que, aunque nos parezca que el COVID-19 queda muy atrás, las mascarillas han pasado a formar parte de nuestras vidas y no nos abandonarán tan fácilmente. Más bien evolucionarán hacia formas más sofisticadas; de hecho, sus componentes[69] ya se han incorporado a nuestro organismo y forman parte de nuestra anatomía.[70]

Copio, con ligeras modificaciones, lo que leo en una prestigiosa revista médica:

> El mercado de las mascarillas sigue esperando un producto multiuso verdaderamente multifuncional, uno que se pueda adaptar a todas nuestras necesidades. La compañía tecnológica china ha anunciado recientemente su nuevo diseño de una mascarilla transparente similar a N95 pero que incorpora funciones múltiples entre las que destacan el desbloqueo de teléfono con reconocimiento facial, los filtros de aire extraíbles y autolimpiables, la propiedad antivaho y el ventilador incorporado para ajustar la transpirabilidad. El producto tiene un diseño modular que permite características personalizables de acuerdo con las necesidades de cada momento [...].

Ya sabemos que, desde el COVID-19, no son obligatorias las mascarillas, pero sabemos también que mucha gente se ha quedado con la copla, que las tiene en casa y que, ante cualquier riesgo de contagio, recurre a su uso de una manera mucho más natural de lo que se hacía antes. Si hay un niño con catarro en el colegio, todos con mascarilla. Si tienes alergia al polen, venga la mascarilla. Si andas tosiendo a todas horas por un constipado leve y no quieres que te miren mal, sí, mascarilla. Si eres mayor y le tienes miedo en invierno a que te contagien de gripe, pues claro, mascarilla.

La mascarilla se usa mucho más y a nosotros lo que nos preocupa son las consecuencias de pasar el día con una pieza de plástico polipropileno (PP) pegado a la nariz y a la boca, que parece la causa de los microplásticos de polipropileno encontrados en el tejido pulmonar. Eso por no hablar de la falta de un plan para gestionar las mascarillas una vez que acaban en la basura y, por si fuera poco, de las ganas que tienen los fabricantes de seguir innovando e inventando mascarillas a las que se plantean añadir componentes químicos para darles propiedades milagrosas: antibacterianas, repelentes del agua, discriminantes de gases o antivaho.

Esto no ha hecho más que empezar. Toda la tecnología del plástico puesta al alcance de tu boca, sin que haya ocurrido una evaluación anticipada de los riesgos de las mascarillas de PP que tú, obedientemente, tiras al contenedor gris, a pesar de que son de plástico.

 ¿QUIÉN TE PROTEGE
DE LAS MASCARILLAS?

- Exige un mayor control sobre el uso del plástico en el medio sanitario. El impacto en la salud de su empleo, así como el ambiental del residuo, merece un mayor control.

- El uso de las mascarillas es un buen ejemplo de decisión tomada con urgencia que no tuvo en consideración los efectos colaterales: tapizar tus pulmones con polipropileno.

Compañeros de piso

Recomendaciones para el hogar

Se han identificado DE en muchos de los productos de limpieza y ambientación empleados en el hogar, así como en el mobiliario que compone nuestra casa, como los objetos de decoración, las tapicerías y los textiles de moquetas y cortinas, los combustibles empleados en la cocina y en la calefacción e, incluso, los materiales de construcción de nuestros hogares, ya sea entre sus componentes estructurales o como aditivos o productos de degradación.

Después de esta larga enumeración, es fácil comprender que, por todo esto, el aire y el polvo de nuestros hogares se han identificado como una fuente importante para la exposición humana a los DE.

Hay una buena noticia: puedes rebajar este nivel de exposición retirando algunos productos o elementos de decoración que contribuyen a su presencia. En las páginas que siguen, te explico cómo identificar muchos de los muchos DE y microplásticos con los que, sin saberlo, convives en tu casa, y deshacerte de ellos.

54 Te has quedado *planchao*, ¿a que sí?

Los usos y aplicaciones de los compuestos perfluorados (PFAS) son casi infinitos. Cuando uno repasa dónde están presentes, no puede más que asombrarse por sus muchísimas aplicaciones debido a sus cualidades casi milagrosas: resulta que son repelentes del agua, resistentes a la grasa y tolerantes al calor. ¡Toma ya!

Por ejemplo, algunas de las planchas y fundas para tablas de planchar están recubiertas del plástico perfluorado tetrafluoroetileno. ¿A que no lo sabías? Lo que seguro que tampoco sabes es que, con las altas temperaturas, planchas y tablas desprenden gases y partículas, y lo peor es que el acabado antiadherente que prometen no es imprescindible para la tarea de planchar. Hay mejores alternativas.

Te recuerdo que, además de que los vapores del plástico tetrafluoroetileno pueden irritar los ojos, la nariz y la garganta, y provocar dificultades respiratorias, los PFAS también son sustancias tóxicas y muy persistentes que actúan como DE y, en los niños, se asocian con la reducción de la respuesta inmunitaria (incluida una menor capacidad de respuesta a las vacunas) y con la disminución del peso al nacer y alteraciones hepáticas y cáncer (riñón y testículo); en los adultos, se asocian con colesterol elevado, colitis ulcerosa, alteraciones de la función tiroidea, hipertensión y preeclampsia relacionadas con el embarazo.

Por todas estas razones, te recomiendo que te hagas con una plancha con suela de acero inoxidable o de cerámica, sin recubrimiento plástico, y que añadas una funda a tu tabla de planchar hecha con materiales tan sencillos como la lana.

MUCHO OJO CON LAS PLANCHAS Y SUS TABLAS

- Busca una plancha sin revestimiento plástico, es decir, sin la suela de PFAS. Existen excelentes alternativas en el mercado de acero o de cerámica.

- Cambia con frecuencia el revestimiento de la tabla de la plancha: se ha demostrado que contribuye a tu exposición a perfluorados.

55 Una reforma radical

Seguro que piensas que nuestra vida ha mejorado con respecto a la de nuestros padres, y también estarás seguro de que, en nuestras casas, tenemos muchas más comodidades y, por tanto, vivimos mejor.

Déjame que te plantee un reto: ¿serías capaz de visualizar cómo era una cocina o un comedor en un hogar de los años cincuenta o sesenta del siglo xx?

Y mira ahora tu casa, tu salón, tu cocina... ¿Qué diferencias ves? Te echo una mano...

- Materiales de una cocina de 1950: madera, papel, metal, barro, vidrio, terrazo, cerámica (materiales cercanos, procedentes de la carpintería, ladrillera o tejar de la comarca).

- Materiales de una cocina de 2025: PET, PVC, HDPE, LDPE, PC, PU, PS (seguro que ya conoces todas estas siglas porque llevamos más de dos tercios de este libro explicándolas, y todas ellas corresponden a materiales sintéticos derivados del petróleo, traídos de lejos, frágiles y de muy difícil reciclado).

La conclusión es evidente: la vida de tu madre se desarrolló en un ambiente en el que la mayoría de los materiales y los objetos eran locales, de origen natural, duraderos y de fácil reutilización. Podríamos denominarlo un ambiente natural o inerte. En cambio, tu vida, y la vida de tus hijos e hijas, se desarrolla en un ambiente sintético o de naturaleza desconocida.

Es un hecho demostrado: hemos cambiado de forma radical el medioambiente en que se desarrolla nuestra vida y, con ello, nos estamos exponiendo a nuevos materiales y compuestos químicos nunca antes conocidos sobre los que no tenemos experiencia biológica respecto a cómo los digerimos o cómo los metabolizamos.

Pero, si nos preguntan, afirmaremos que deseamos que la vida de nuestros hijos transcurra en un ambiente tan natural como se desarrolló la nuestra. Es lo que anhelamos, pero no va a ser así.

La realidad es que el nuevo ambiente, poblado por una gran mayoría de productos químicos y derivados del petróleo, va a condicionar los hogares y la salud de las nuevas generaciones.

 EVITA LOS DISRUPTORES Y LOS MICROPLÁSTICOS EN TU HOGAR

- Evita componentes de la decoración de suelos y paredes de tu casa basados en PVC flexibilizado con ftalatos. Tanto los suelos que imitan la madera como las moquetas y los revestimientos pueden ser fuente de DE.

- Elige la ecoetiqueta, es garantía de que los materiales están libres de DE. Así disminuirás la exposición ambiental a pesticidas y biocidas, compuestos organohalogenados, metales, ftalatos y compuestos volátiles.

- Elige también muebles con ecoetiqueta. Disminuirás tu exposición y la de los tuyos a metales como el arsénico, el cadmio, el cromo, el cobre, el mercurio y el plomo. También a compuestos perfluorados y clorados, formaldehído, benzopireno, compuestos volátiles y biocidas prohibidos o restringidos en los productos que llevan esta calificación.

- Si decides preparar un cuarto para tu recién nacido, hazlo con la antelación suficiente para que se haya aireado durante semanas, así evitarás la presencia en el ambiente y en el suelo de compuestos químicos disruptores endocrinos provenientes de pinturas y de textiles nuevos.

- Cuando elijas los muebles para tu casa, busca que sean de madera maciza o de metal y evita las colas y barnices frescos, ya que pueden liberar formaldehído y otros componentes volátiles contenidos en los aglomerados.

- Para el cuarto de los niños, evita los revestimientos plásticos de PVC empleados habitualmente en los suelos.

- Ten en cuenta que el momento de desembalar cualquier nuevo equipamiento para el hogar es cuando más componentes volátiles pueden desprenderse. Esta advertencia es especialmente útil en tu lugar de trabajo.

56 Roomba sale de caza

Acabo de tener una conversación seria con mi aspiradora automática y autónoma. Está acostumbrada a que yo le vacíe la cajita que contiene lo que engulle sin que crucemos una sola palabra, pero hoy no he podido resistirme y le he preguntado mientras miraba fijamente su único ojo de cíclope: «¿Cómo es posible que hayas podido sacar esto de mi dormitorio? ¡Esta madeja infame no puede ser mía!?». Como es habitual, no ha respondido. Al rato, la he oído decir: «Roomba needs charge», y se ha marchado displicente camino de su guarida eléctrica.

Libre de su presencia, hoy he examinado su botín con más atención que nunca: era una madeja gris de fibras, algún pelo y materias menores. Una especie de nubarrón gris que pica con solo verlo. No hay mucho pelo —recuerda que soy calvo y no tengo gato— y dominan las fibras muy finas y el polvo.

En 2020, el prestigioso investigador K. Kannan, de Nueva York, publicó un trabajo[71] sobre la composición del polvo de casa que se une a la larga serie de sus trabajos sobre micro y nanoplásticos. Investigó la composición del polvo de 286 hogares en 12 países diferentes. El país investigado más cercano a nosotros es Grecia, por lo que lo tomaré como referencia.

Según Kannan, el polvo de tu casa, ese que tu aspiradora engulle, está formado fundamentalmente por polietileno tereftalato (PET); a este le siguen los fragmentos de policarbonato (PC), que ya conoces bien porque son origen del bisfenol-A. El PET de tu dormitorio proviene tanto de los tejidos de tu hogar —cortinas, tapicerías, mantas— como de la ropa de poliéster que tú, ecologista practicante, tan orgullosamente proclamas que está confeccionada con «PET reciclado».

No te quiero poner a leer las etiquetas de tu ropa, pero tendrás que aprender a elegir con más cuidado con qué te vistes y qué ropa de casa compras. Y te recomiendo también que, además de pasar la aspiradora, hagas a diario una buena ventilación de tu casa: bastan quince minutos dos veces al día con las ventanas bien abiertas.

¿Por qué? Te recuerdo que la exposición humana, y sobre todo la infantil, al PET, al PC y a sus productos de degradación, como el bisfenol-A (a estas alturas del libro, un conocido DE), no está exenta de riesgos para la salud.

 LAS PELUSAS DE TU CASA SON TÓXICAS

- Ventila la casa a diario usando la ventilación exterior durante, al menos, quince minutos, mañana y tarde. Si la calle es de circulación intensa y hay mucho tráfico, hazlo cuando este sea menor. La renovación del aire es importante para desalojar los contaminantes volátiles o incorporados al polvo, sea cual sea su origen.

- Aspira el polvo de casa con regularidad. Emplea una aspiradora con filtros HEPA (High Efficiency Particulate Air), que atrapan las partículas más minúsculas.

- Pasa un paño húmedo si no empleas aspiradora. Esta práctica supone una disminución importante de la exposición a la contaminación interior y es una mejor alternativa que simplemente barrer.

57 Centinelas de la contaminación en el hogar

Nuestros estudios confirman que el hogar es una fuente importante de contaminantes. La presencia en el polvo de casa de bisfenoles, parabenos y benzofenonas, junto con todo tipo de micro y nanoplásticos, han convertido tu hogar en un espacio lleno de sofisticados derivados del petróleo.

Como puedes suponer, nos preocupa mucho la exposición de los niños y adolescentes a esos contaminantes. Con siete millones de menores de 14 años censados en España, hay mucho que cuidar, por lo que nuestras recomendaciones son claras:

- Aspira el polvo. Es mejor que barrerlo.
- Airea tu casa más a menudo.
- Reduce el consumo de compuestos químicos de fórmulas complejas y de toda clase de plásticos.

Los productos que empleas para la limpieza son una fuente inagotable de DE. Muchos de ellos, ya te los he mencionado y los conoces por su presencia en cosméticos y productos de cuidado personal: ftalatos presentes en las fragancias de limpiadores multiusos, ambientadores y detergentes; alquilfenoles (nonilfenol y octilfenol) usados como espumantes en detergentes; triclosán, tan frecuente en todo lo que se anuncie como antibacteriano; compuestos de amonio cuaternario (cloruro de benzalconio) presentes en desinfectantes, limpiadores antibacterianos y espráis para baños; parabenos empleados como conservantes de los productos; etilenglicol y dietilenglicol presentes en limpiadores para ventanas y en desinfectantes; y formaldehído y liberadores de formaldehído (DMDM hidantoína, bronopol) en la composición de muchos limpiadores y ambientadores.

Es fundamental que prestes una atención especial a los niños aún muy pequeños que se llevan las cosas a la boca (tu bebé), a los seres vivos de tu casa que lo olfatean todo (tu perro), o a los que se acicalan lamiéndose repetidamente (tu gato). Con nueve millones de perros y siete millones de gatos censados en España, hay mucho que cuidar también.

NO EXPONGAS A LOS QUE MÁS QUIERES

- En el hogar, todos resultan expuestos, pero los animales de compañía y los niños pequeños son más proclives a la exposición en el ambiente interior debido a su mayor tiempo de residencia, su cercanía al suelo, su olfato (perros) y sus lamidos de aseo (gatos). Airea, aspira y renueva el aire cuanto puedas.

- Además, trata de disminuir la química de la limpieza en tu hogar: usa productos de limpieza sin fragancias o etiquetados como «libres de ftalatos».

- Evita aerosoles y ambientadores artificiales.

- Busca productos certificados como Ecolabel.

- Opta por limpiadores caseros con ingredientes como vinagre, bicarbonato de sodio y limón.

58 Luciérnagas del siglo XXI

En las noches de verano, cuando era un niño, buscaba gusanicos de luz en el seto de aligustre, siempre cerca de la entrada de la acequia. Venían todos los años, siempre al mismo sitio. Tan solo había que afinar la vista, pasar un buen rato a oscuras y prestar atención. De pronto, alguien localizaba uno brillando con su bombilla verde fosforito y su luz tenue y misteriosa. ¡Qué milagro de la naturaleza!

Un verano no vinieron más luciérnagas. Los expertos dicen que los pesticidas tienen mucho que ver. Ahora, el aligustre sobrevive a duras penas a los secos estíos y a las aguas sucias de una acequia pestilente que trae más residuos flotantes que agua clara. Tendré que buscar mis luciérnagas en otra parte.

La otra noche me desperté temprano y, de camino a la cocina, pasé por el silencio del salón. ¡Allí estaban! Uno, no, muchos gusanicos de luz hablando entre ellos, mandándose mensajes y titilando con sus luces tenues. Los había verdes, azules, amarillos, blancos y rojos. Tardé unos minutos en comprender que, en realidad, no eran seres vivos. Eran las lucecitas del rúter, el *standby* del televisor, el chivato de la columna de sonido, la tableta y el decodificador del cable. Pensé: los gusanos de luz del siglo XXI. Lástima que tengan truco.

Cada una de estas lucecitas es un recordatorio de que has dejado un aparato encendido que mantiene su temperatura de funcionamiento y que está alerta, preparado para recibir tus órdenes y responderte de inmediato llenándote la casa de luz, de imágenes y de sonidos. Y eso tiene un precio: tu casa está llena de retardantes del fuego.

A ver, me explico: la electrónica, los circuitos eléctricos, los sistemas sofisticados de plástico y los transistores son fácilmente inflamables. Por eso, para evitar que ardan y te intoxiquen con humos y gases venenosos, el fabricante ha decidido bañarlos en compuestos polibromados y organofosforados, los retardantes del fuego que ya conoces.[72] De hecho, ya hizo lo mismo con la gomaespuma de tus sillones, con la tapicería de tu salón, con las cortinas de tus ventanas y con la ropita de tu bebé...

Tienes que saber que esos compuestos ya están dentro de tu organismo, compitiendo con tus hormonas porque, sí, los retardantes del fuego son DE.

Por eso, te repito mi consejo del apartado anterior: ventila tu casa durante quince minutos, al menos dos veces al día, y no barras, mejor aspira el polvo y sácalo fuera.

Y, por lo que más quieras, apaga esos gusanitos de luz, ¡son un fraude!

 APARATOS BAÑADOS EN RETARDANTES DEL FUEGO

- Apaga todos tus aparatos electrónicos cuando no estén en uso: televisor, vídeo, consola, ordenador, impresora, módem, rúter. Así disminuirás el tiempo en que están a mayor temperatura y, por tanto, la posibilidad de que liberen retardantes de la llama añadidos a los circuitos electrónicos y al plástico.

- Limpia el polvo detrás de televisores, rúteres y computadoras. Asegúrate de tener una buena ventilación donde estén estos dispositivos.

- Guarda los juguetes electrónicos de tus hijos en cajas cerradas y desconecta toda la electrónica que no esté en uso.

59 Un asunto con muy malas pulgas

La pediatra italiana Francesca Castiello ha presentado una nueva entrega de sus estudios[73] sobre desarrollo puberal y exposición a pesticidas en las niñas y niños españoles. En esta ocasión, se ha centrado en el estudio de los varones y ha concluido que, en los niños expuestos a pesticidas organofosforados y carbamatos, se observa un retraso en la maduración sexual.

En páginas anteriores de este libro, te hablé de cómo las niñas expuestas a insecticidas y fungicidas sufrían una alarmante precocidad en su desarrollo sexual, lo cual además repercutirá más adelante en un incremento de riesgos en su salud reproductiva y ginecológica. Ahora se trata de los chicos.

Cuando buscamos las causas de la exposición a los DE de niños y niñas, siempre pensamos en el consumo de alimentos hortofrutícolas de producción convencional como opción más probable, pero la realidad es que existen formas de exposición que hasta ahora no habíamos considerado. Una de ellas son los collares antipulgas.

Sí, como lo oyes. La propia ficha de seguridad de la Agencia Española de Medicamentos y Productos Sanitarios (AEMPS) ya nos advierte con relación a un collar para mascotas muy vendido. Copio literalmente de sus indicaciones:

> Al igual que con otros medicamentos veterinarios, no permita que los niños jueguen con el collar ni que se lo introduzcan en la boca. Los perros que lleven collar no deberían dormir en la cama con sus propietarios, especialmente los niños. Imidacloprid (neonicotinoide) y flumetrina (piretrina) se liberan de forma continuada del collar hacia la piel y pelaje mientras el collar está colocado.

Te traduzco: imidacloprid y flumetrina son pesticidas tóxicos para ti y para los tuyos, incluido tu perro, al igual que otros componentes como el dibutil adipato, el DEEP, el TCVP o el propoxur. Ahora ya lo sabes, ese collar de PVC que te han recomendado poner a tu mascota contiene DE.

Di no a los pesticidas, por cualquier vía y para cualquier ser vivo, aunque sea un asunto de muy malas pulgas.

 PESTICIDAS EN LAS CAMAS DE TUS NIÑOS

- Sigue las recomendaciones en cuanto a las dosis y los consejos de aplicación cuando tratas con insecticidas y fungicidas a los animales de compañía.

- No permitas que los animales con collares farmacológicos compartan la cuna y la cama con tus hijos. Los animales estarán protegidos, pero tu bebé resultará expuesto a pesticidas que no desearías para ti.

- Elige con cuidado el repelente de insectos, sigue las recomendaciones de uso y evita aquellos que tienen dimetil ftalato en su composición, a pesar de las recomendaciones para su empleo cuando visitas países tropicales.

60 Un sofá sin tacha

Estás muy feliz: acabas de comprar un sofá nuevo y el vendedor insistió en que el etiquetado *stain-resistant* (resistente a las manchas) era el más recomendable porque te libraría eternamente de ellas. Además, te recomendó un espray repelente antimanchas para rociar cortinas y alfombras.

Siento chafarte el momento de felicidad, pero te recuerdo que los milagros tienen un precio, y no me refiero solo al pastizal que pagas por mantener tu sofá inmaculado, sino que te hablo también de la aplicación de nuevos compuestos químicos repelentes, entre los que destacan los perfluorados (PFOA o ácido perfluorooctanoico, PFOS o sulfato de perfluorooctano, y las variantes más modernas: GenX, PFHxS, PFNA). A veces los verás resaltados en la etiqueta como tratamientos antimanchas, como Scotchgard o *teflon fabric protector*, aplicados a sofás, sillas tapizadas, colchones y almohadas, alfombras o moquetas y cortinas o mantas resistentes al agua.

Sí, ahí están de nuevo los tan temidos PFAS, convidados invisibles y permanentes en tu casa que vuelan por el aire que respiras dentro de ella y pueblan las pelusas que habitan debajo de tus muebles.

No esperes a que la Administración regule los aditivos de los textiles y prohíba los PFAS; como siempre sucede, lo harán tarde y mal. Lo mejor es que te anticipes y digas no a esas propiedades repelentes supuestamente milagrosas de las tapicerías, cortinas, moquetas, alfombras y ropa de tu casa. Dejar que entren los repelentes acabará saliéndole caro a tu salud.

ACABA CON LOS REPELENTES ANTIMANCHAS EN TU CASA

- Elige tapicerías y mobiliario para el hogar que estén libres de perfluorados. Vendrán marcados como «libre de PFAS», «sin teflón ni tratamientos antimanchas fluorados», o «libre de químicos perfluorados».

- Elige telas naturales sin tratamiento, como algodón orgánico, lino, lana o cáñamo, y muebles con certificaciones tipo «OEKO-TEX», «MADE IN GREEN», «GOTS» (orgánico) y «GREENGUARD GOLD». En cualquier caso, evita tapicerías resistentes a manchas y, si ya las tienes, pon fundas lavables como alternativa.

- Busca tapicerías cuyos fabricantes han controlado el empleo de aditivos químicos como perfluorados o polifluorados y pirorretardantes, ya sean polibromados u organofosforados.

- Los rellenos de sillones, cojines y colchones de goma pueden estar tratados químicamente con biocidas; su uso es frecuente en productos importados de países donde el control sobre este tipo de productos es menos estricto.

- Deshazte de alfombras y moquetas más antiguas, ya que pueden ser reservorio de pesticidas organoclorados empleados de forma masiva para tratar los textiles hasta los primeros años de los noventa.

- Al estrenar mobiliario, sillones, tapicerías o cortinas, airea la casa con más frecuencia y, si fuese posible, déjalos airear durante varios días antes de meterlos en casa. Se trata de reducir la exposición a perfluorados, biocidas y retardantes de la llama bromados y organofosforados clorados, con los que llegan de fábrica.

61 Colchones tricolores

Un equipo de investigación canadiense ha publicado un informe[74] que constata lo que ya sabíamos: los colchones y la ropa de cama de bebés y niños emiten tres sustancias químicas tóxicas (retardantes del fuego, filtros UV y ftalatos) asociadas a trastornos hormonales y del desarrollo, ya que son DE.

Han llegado a esta conclusión mediante el análisis de las sustancias químicas presentes en el aire de 25 habitaciones de niños de entre 6 meses y 4 años, y la desoladora conclusión es que los niveles de ftalatos (DiBP, DnBP), de retardantes del fuego fosforados (TCPP) y de filtros UV (benzofenona-8) son muy preocupantes. Además, los niveles más altos se encontraron cerca de las camas de los niños.

Un estudio complementario[75] analizó 16 colchones infantiles nuevos y descubrió que eran una fuente clave de exposición, y que el calor y el mayor peso del niño dormido influyen en el nivel de emisión de los tóxicos.

Es importante este dato: los colchones analizados emiten estos contaminantes con independencia de su precio, materiales de composición y país de origen. Son palabras literales del informe: «Los resultados demuestran que los padres no pueden evitar el problema eligiendo en la compra». Ni el precio, ni la procedencia ni el etiquetado te servirán de ayuda a la hora de discriminar los colchones más contaminantes ni te ayudarán a elegir el mejor.

Así que, mientras que la autoridad se entera de lo que la ciencia publica, e impone normas más estrictas, tú puedes:

- Ventilar con regularidad la habitación de tu hijo y pasar la aspiradora.

- Reducir al mínimo los extras en la cuna o en la cama, como protectores de colchón y peluches, que también contribuyen a la exposición.

UN DESCANSO SIN DISRUPTURES PARA TUS HIJOS

- Airea los colchones recién comprados: debido a su composición y a sus aditivos, son fuente de disruptores endocrinos.

- Aspira los colchones y la habitación con regularidad: te ayudará a eliminar compuestos semivolátiles y componentes de la formulación de la gomaespuma.

- Elige colchones con ecoetiqueta: verás reducida tu exposición a alquilfenoles, derivados clorados, compuestos perfluorados, retardantes de la llama, biocidas, plastificantes y organohalogenados, entre otros compuestos de uso habitual en los colchones estándar.

- Pon mucha atención en la selección del colchón: la gomaespuma, en cualquiera de sus formas, es una fuente inagotable de productos químicos volátiles.

62 Juguetes libres de disruptores endocrinos

Hace más de quince años que la UE publicó su directiva sobre seguridad de los juguetes vendidos en Europa y, hasta hace muy poco, no se han revisado sus normas y reglas de calidad y seguridad debido a las presiones de los fabricantes. Te cuento que, hace un par de años, por ejemplo, la Comisión Europea suspendió temporalmente el acuerdo sobre la revisión de la seguridad de los juguetes tras un duro choque con la industria química alemana. El negocio, ante todo, incluso por delante de la seguridad de los niños.

Ahora se han vencido todas las resistencias. Al fin llegan (tarde, pero llegan) los nuevos criterios[76] aplicables a esos objetos de uso cotidiano de nuestros niños, que regulan muy estrictamente (como debe ser) y limitan asuntos tan sangrantes como la presencia de bisfenol-A y compuestos perfluorados en sus juguetes e incluyen los riesgos provocados por la exposición infantil a los DE y las consecuencias de la exposición a sensibilizantes respiratorios y alérgenos.

Estas nuevas normas hacen una mención muy especial al comercio electrónico y a todo eso que has aprendido a comprar «por Internet», que hasta ahora se le «escapaba» a la regulación y a sus criterios de seguridad.

Son buenas noticias: desde ahora, todo lo que viene de fuera deberá someterse a la mismas regulaciones y restricciones de seguridad que lo producido por nuestros fabricantes en España y en Europa. Esto incluye un pasaporte digital individual que distinguirá aquellos productos que cumplen con las normas impuestas en la UE, para proteger a los menores de los que no, y que identificará y permitirá la trazabilidad y la identificación de sus componentes desde el fabricante hasta el vendedor en la red.

Al fin una buena noticia.

EVITA JUGUETES CON RIESGO

- Comprueba que los juguetes de tus hijos estén marcados como provenientes de la UE. Esto te asegurará que están libres de disruptores endocrinos. La UE los está sometiendo a una regulación específica y estricta. Exige que esto se aplique a las importaciones y ventas por Internet.

- Elige juguetes sin PVC, sin ftalatos, sin bisfenol-A, sin PFAS. A pesar del interés en la reducción del uso de disruptores endocrinos en plásticos para juguetes, lo cierto es que aún se encuentran en el mercado.

- Si sospechas que el juguete que has comprado no está exento de contaminantes, desempaquétalo horas antes de dárselo al niño, airéalo.

- Lava los peluches y cualquier otro juguete lavable antes de dárselo a tu hijo pequeño.

- Evita los juguetes perfumados y rechaza todos aquellos que incorporan fragancias.

Enamorados de la moda juvenil

Recomendaciones sobre tu ropa

Me entero de que el magnífico grupo Radio Futura no solía cantar en sus conciertos ese temazo suyo de la época de la Movida que era «Enamorado de la moda juvenil». Parece ser que ese tema proviene de su primer disco y, en ese entonces, no tenían el control creativo de sus letras ni de sus músicas y no consideran la canción como «suya», sino más bien como un tipo de pop fácil con el que no se terminan de sentir identificados. Bueno, sus razones tendrán. A mí lo cierto es que la canción me viene que ni pintada para hablar de cómo la moda, sobre todo la de consumo rápido, incrementa hasta niveles insostenibles no solo un volumen de residuos que somos incapaces de sostener, y un gasto de agua realmente terrible a efectos medioambientales, sino, además, la contaminación medioambiental y —esto es lo que nos afecta más directamente— la exposición a los DE a la que nos vemos abocados, y cada vez más.

La moda es cada vez más plástica. La arruga ya no es bella y nuestras prendas incluyen cada vez más compuestos químicos destinados a evitar las arrugas, a favorecer la impermeabilidad, etc. Todo muy práctico, todo muy barato, todo muy rápido y fácilmente consumible..., pero muy poco sostenible y, sobre todo, muy poco sano para nosotros.

Mientras releo estas páginas, no me puedo quitar de la cabeza el sonsonete de otra canción de Radio Futura que anunciaba el comienzo de los años noventa:

Dicen que tienes veneno en la piel
Y es que estás hecha de plástico fino
Dicen que tienes un tacto divino
Y quien te toca se queda con él.

Una premonición de lo que ya ha pasado.

Olvídate de la moda juvenil. Vuelve a la moda de siempre, es decir, a los tejidos naturales y perdurables, aunque se mojen y arruguen. Tu salud lo agradecerá.

63 No a la camiseta de plastisol

No es fácil saber de qué está hecha la ropa. Por más vueltas que le demos a la etiqueta, la información que contiene es limitada y solo describe la proporción de fibras de diferentes tipos, sin que se mencione ninguno de los posibles aditivos con los que estas fibras se han «sazonado», y que pueden incluir una amplia variedad de compuestos químicos tóxicos, desde retardantes del fuego hasta suavizantes para darle flexibilidad o sales metálicas para darle color, además de repelentes del agua y de manchas, etc.

Pero sí hay un componente que es fácil de identificar y que deberías rechazar de entrada, sobre todo en la ropa de los niños: se trata de esas impresiones de las camisetas y sudaderas que tienen cierto relieve y mucho color. Para hacerlas, se emplea un material conocido como «plastisol» que es PVC flexibilizado con un cóctel de ftalatos que le dan la suavidad que necesita el textil.

Seguro que todos estos nombres te suenan, ya los has leído hasta la saciedad en las páginas precedentes: plástico PVC, ftalatos, etc. Nada bueno.

Dicen que ya hay en el mercado PVC sin ftalatos, y es posible que en la lotería de la vida ese sea el que lleva la sudadera de tu hijo; pero, como no lo pone en la etiqueta, y tú nunca vas a tener la certeza de si es el que han usado o no para imprimir esas letras tan chulas, ante la duda, mejor déjala en la estantería y vete a por otra que venga sin esas impresiones y que, cien por cien, será por eso más segura.

 HUYE DEL PLASTISOL EN SUDADERAS Y CAMISETAS

- Evita la ropa que contenga PVC o revestimiento de PVC, ya que puede llevar plastisol, que con frecuencia se elabora con ftalatos bien reconocidos como DE.

- Exige la certificación de inocuidad de la ropa y la ausencia de compuestos tóxicos.

64 Desde los sesenta con una ropa inigualable

Estamos todos muy pendientes de reciclar los envases en el cubo correspondiente pero, si lo piensas bien, no le prestamos demasiada atención a la gestión de uno de los sistemas de envasado más popular: nuestra ropa.

La gestión de nuestra ropa como residuo nunca ha parecido preocupar a los legisladores, como si todas esas toneladas de prendas que desechamos desaparecieran solas por arte de magia. ¿Sabemos adónde va a parar, si la hacen llegar a países más desfavorecidos, si acaba en el vertedero o si simplemente se disuelve poco a poco en el agua de tu lavadora?

Los fabricantes llevan años abusando de los plásticos en nuestra ropa. Nos hace ilusión pensar que vestimos «natural», pero lo cierto es que vamos vestidos de plástico de arriba abajo. No tenemos más que prestar atención a los nombres. El Tergal, por ejemplo, ¿qué es? Es poliéster hecho en Francia (Galia), así de sencillo: TER-GAL. Y, por esta regla de tres, también son poliéster, es decir, puro plástico, las camisas hechas de Tervilor o de Terlenka. Seguro que te acuerdas de tu padre con sus flamantes camisas IKE, que se arrugaban mucho menos que las de algodón de toda la vida. En su momento parecían un gran invento. Pero el poliéster de la Terlenka y del Tervilor no era más que el mismo plástico de las botellas de PET procesado de otra manera. ¡Y nosotros preocupándonos por los envases!

Mucho mirar dónde reciclamos las botellas sin darnos cuenta de que, desde los años sesenta del siglo XX, nos vestimos todos con plástico, es decir, con poliéster derivado del petróleo.

Sin embargo, lo malo no es solo cómo o con qué nos vestimos; sino que, cuando desechamos esa camisa porque está vieja o pasada de moda, no nos importa nada dónde acaba... y seguro que te sorprendería saber que muchas de esas camisas que ya no te ponías y que echaste en una bolsa de plástico en el contenedor de textiles está, como las llaves de la canción, en el fondo del mar.[77]

Así es: la fibra de poliéster es, tras el rayón/viscosa, el plástico más abundante en los fondos marinos que rodean la península Ibérica. Y supera en cantidad al plástico que flota. Tendrías que ver la densidad de los fragmentos de los diferentes tipos de plástico; la mayor parte es superior a la densidad del agua de mar. En otras palabras, eso que con tanto afán retiras de las playas porque llega flotando en el agua es una parte menor de lo que ya se ha hundido hasta el fondo.

 UN FONDO MARINO LLENO DE CAMISAS DE TERGAL

- Exige un mayor control en la gestión de los textiles, desde su producción hasta su uso y desecho.

- Reclama una ley para el desecho textil tan bonita como la Ley de envases que ya está aprobada en nuestro país. No permitas que los residuos textiles acaben convirtiéndose en el mayor quebradero de cabeza de la sostenibilidad.

65 La ropa de estreno que huele a nuevo: ¡Qué peligro!

¿Hasta qué punto estamos expuestos a los contaminantes químicos que provienen de nuestra ropa? Uno de nuestros trabajos que más repercusión ha obtenido fue el que elaboramos sobre la presencia de bisfenol-A (BPA, un bien conocido DE) en la ropa, concretamente en calcetines para niños menores de tres años.[78]

Para hacer este estudio, compramos calcetines en tres establecimientos de precios diferentes, desde nueve euros por tres pares hasta un euro el trío de pares. Pues bien, el BPA se encontraba en todos ellos, con independencia de la tienda de la que procedieran o del precio.

Este estudio dio lugar a un documento de la Dirección General de Justicia y Consumidores de la UE, en el que se da una «opinión científica», nuestro trabajo. La opinión de los expertos de Bruselas no puede ser más timorata y descorazonadora. Según ellos, como no sabemos cómo va a ocurrir la exposición de los niños que calcen esos calcetines, como no sabemos cuánto BPA va a pasar a sus piececitos, como no hay más estudios, mejor esperamos a tener más datos.

Parece que en Bruselas no conocen el principio de precaución. Mientras se ponen las pilas y se ponen, de paso, de acuerdo para tomar medidas preventivas, lo que yo recomiendo para proteger a tus hijos es bien sencillo: cómprales ropa de tejidos naturales. No te arriesgues.

EVITA LOS DISRUPTORES EN LA ROPA DE TUS HIJOS

- Exige más trasparencia en el etiquetado. No solo se trata del impacto ambiental de la fabricación, sino también de reclamar una regulación más estricta de los componentes, incluido un etiquetado realmente informativo.

- Elige ropa infantil de tejidos naturales.

- Lava la ropa nueva antes de su uso. Eliminarás los retardantes del fuego y los surfactantes y el bisfenol-F añadidos, y tu exposición y la de tu hijo será menor.

66 ¡Mójate! Rechaza los perfluorados en tejidos

Vivimos en un mundo en el que parece que queremos evitar lo inevitable. Y, para eso, recurrimos a inventos. Por ejemplo, huimos del fastidio de tener que lavar, planchar y secar la ropa que se moja recubriéndonos de plástico resistente al agua. De hecho, así es como llamamos a las prendas de plástico hechas para los días de lluvia: «impermeables».

Pero esto fue en el siglo pasado. Ahora las prendas de vestir se han sofisticado. Ya no nos ponemos impermeables de plástico puro y duro. Ahora la ropa nueva que compramos para los días de lluvia es *waterproof*, como nos prometen sus etiquetas.

Lo que les da esa propiedad de repeler el agua y los líquidos son nuestros viejos amigos los perfluorados (PFAS). Y los fabricantes los aplican no solo a tu ropa de deporte (que ya sospechabas que era muy sintética), sino también a esa camiseta, camisa, blusa, impermeable o anorak que repele el agua y toda clase de líquidos como nunca lo habría hecho la lana de oveja, la seda de gusano, el lino del campo o el algodón en flor, que se comportan frente al agua como toda la vida: mojándose.

¡Mójate! Di no a las etiquetas que prometen cualidades impropias de los textiles y busca ropa sencilla, sin aditivos, sin milagros.

 DI NO A LA ROPA MILAGROSA

- Rechaza la ropa con propiedades milagrosas: antimanchas, antiarrugas, repelentes del agua. Todo eso tiene un coste que tú no quieres pagar en salud.

- Exige un mayor control administrativo sobre composición y etiquetado en tu ropa.

- Exige la retirada de los PFAS de cualquier tipo de ropa. Son compuestos tóxicos y persistentes que no deben entrar en tu armario.

67 Niños repelentes con uniformes repelentes

Un par de páginas atrás, hemos hablado de la «ropa milagrosa», y nada les gustaría más a los padres de todo el mundo que todos esos milagros se pudieran aplicar a los uniformes del colegio de sus hijos. ¿No sería maravilloso? Todos buscan el uniforme perfecto, el más novedoso, el más moderno. Alguno de los expertos ha propuesto que este año la ropa sea excepcional y que incorpore una de esas maravillas de la innovación que tanto nos fascinan: los uniformes serán repelentes de las manchas y del agua (antimanchas y repelente de fluidos).

Esa idea ya la tuvieron en Estados Unidos y en Canadá, y se llegó a aplicar a los uniformes de los niños estadounidenses, por lo que un grupo de investigadores[79] analizó la presencia de los perfluorados (PFAS) añadidos en 34 uniformes estadounidenses y 38 canadienses (*waterproof* y *stainproof*).

¿Conclusión? Hallaron PFAS en la totalidad de las muestras analizadas. Repito: en todos los uniformes.

Para resumir con exactitud los resultados, copio literalmente las conclusiones:

El estudio respalda la hipótesis de que muchos productos textiles para niños y adolescentes que se comercializan como «resistentes a las manchas» o «impermeables» contienen efectivamente PFAS. Los PFAS presentes en los uniformes escolares podrían ser una fuente de exposición a estas sustancias químicas nocivas para millones de niños y adolescentes cada día, ya sea por inhalación, ingestión y posiblemente también por absorción cutánea, así como una fuente importante de liberación de PFAS al medioambiente durante el lavado y al final de la vida útil de las prendas [...] Debe reevaluarse la necesidad de que los productos para niños y adolescentes sean resistentes a las manchas y, si los consumidores lo consideran necesario, deben utilizarse alternativas más seguras que no contengan PFAS.

Mientras la Unión Europea reacciona, mientras el experto se da cuenta de la metedura de pata de una innovación innecesaria, os pido que vosotros, como padres y madres informados, digáis no a esos tejidos repelentes de las manchas y del agua que contienen PFAS y que, por tanto, atiborran de PFAS a vuestros hijos.

 ALEJA A TUS HIJOS DE LOS PERFLUORADOS

- Anima a las asociaciones de familias de la escuela a participar en las decisiones sobre el uniforme escolar. Promueve que se debatan medidas para rechazar los uniformes que no puedan mostrar su composición o demostrar su inocuidad.

- No admitas a los PFAS en la escuela ni en los uniformes de tus hijos.

68 Crees que tu ropa es reciclable, pero no lo es

Algunas de las propuestas de la economía circular no ruedan con la agilidad que nos habían prometido. Esto es un problema que acaba de reconocer la propia Agencia Europea del Medioambiente (EEA) en un documento[80] que no tiene desperdicio y que alude a la presencia de los compuestos tóxicos perfluorados (PFAS) en la ropa que se pretende reciclar.

Cito las palabras del informe:

Los productos químicos sintéticos PFAS se han utilizado durante décadas en prendas de vestir y otros tejidos para repeler el agua, la grasa y la suciedad, y proporcionar estabilidad térmica y durabilidad. El uso de PFAS es preocupante debido a su persistencia y a los efectos negativos sobre el medioambiente y la salud humana. La presencia de PFAS en los textiles supone un obstáculo para su uso prolongado, su reutilización y su reciclabilidad, influyendo negativamente en el cambio del sector hacia una economía más circular.

La conclusión es sencilla: lo ideal sería reciclar la ropa. Pero, claro, ¿cómo reciclar la ropa que es nociva? ¿Tiene sentido?

Tal vez lo que tendría sentido, entonces, ante todas esas toneladas de ropa imposibles de reciclar, sería producir menos ropa. ¿No parece lógico?

Vuelvo a recordar lo que comenté páginas atrás: la idea principal no es poder reutilizar o reciclar, que son los puntos finales del ciclo. Lo inicial es reducir la producción y el consumo.

En el caso que nos ocupa, el de los textiles tóxicos, no solo fracasamos a la hora de reciclar, sino que, al producir de manera inadecuada ropa con PFAS, estamos haciendo que sea desaconsejable alargar la vida de esta ropa y reutilizarla.

Lo más sencillo sería no producir ropa tóxica. Imagina cuántos problemas nos ahorraríamos si lo hiciésemos así y, de paso, nos planteásemos hacer menos ropa.

CÓMO SER DE VERDAD ECOCONSCIENTES CON LA ROPA

- Tu ropa puede ser fuente de compuestos químicos DE. Como no es posible identificar los aditivos que se añaden a las fibras naturales y sintéticas, opta por los productos con ecoetiquetado y disminuirás la exposición a pesticidas, compuestos organoestánicos, alquilfenoles, clorofenoles, formaldehído, retardantes de la llama, perfluorados, plastificantes y metales, que pueden ser DE.

- No caigas en la trampa del mensaje de que todo va a ser reciclado. En muchos casos, es técnicamente difícil y, sobre todo, caro. La solución pasa por reducir el consumo de ropa, alargar la vida de tus prendas (heredar) y repararlas (remendar).

- Ventila la ropa nueva antes de guardarla en tu armario. Con esa maniobra tan sencilla, evitarás la exposición a componentes volátiles y semivolátiles.

Un planeta
de petróleo

Recomendaciones
para el
medioambiente

Las tareas de jardinería y horticultura, así como los trabajos de bricolaje, pueden significar una fuente importante de exposición a compuestos químicos disruptores endocrinos. En el primero de los casos, son los pesticidas y los fertilizantes los compuestos de mayor riesgo para tu salud; en el segundo, has de tener especial cuidado con la exposición a pegamentos, colas, pinturas, barnices, solventes, combustibles y sus derivados, así como a los materiales basados en polímeros plásticos. Como verás, la mayor parte de ellos —si no todos— son derivados del petróleo.

Hay ciertas normas de precaución que te pueden ayudar a disminuir la exposición y que puedes poner en práctica tanto en el momento de la elección de los productos como durante su uso.

Algunas recomendaciones tienen carácter general, como trabajar en lugares aireados y con los medios de protección personal recomendados por el fabricante: guantes, mascarillas, filtros, mangas largas, gafas, monos, etc.

Si se trata de un local interior, procura airear manteniendo las ventanas abiertas.

En otras ocasiones, las recomendaciones tienen que ver con la elección y con el empleo de materiales y productos que pueden contener sustancias que identificamos como DE, y que están presentes en pinturas, solventes y resinas que contienen BPA, ftalatos, perfluorados o alquilfenoles. Creo que ya tienes bastante información para entender de qué estamos hablando. Mi consejo es que, ante ellas, sigas las recomendaciones del fabricante y leas sus etiquetas e instrucciones de uso con el mismo interés que pones cuando lees los prospectos de tus medicinas.

No obstante, en los espacios que frecuentas fuera de casa, también deberías prestar atención a la exposición a contaminantes con actividad hormonal que pueden amenazar tu salud. Me refiero a las escuelas, parques, jardines, campos de deporte y, en general, la trama urbana y el campo. En estas situaciones, tienes el derecho a exigir una mayor precaución por parte de la Administración, ya sea la municipal, la regional o la nacional, que se encarga de cuidar tu ambiente urbano y rural en el mejor estado posible, incluida la gestión adecuada de pesticidas, desechos y basura.

Está en tu mano que exijas a tu ayuntamiento, a tus gestores de la basura y a tus legisladores y gobernantes más precaución y cuidado. Se trata de acciones que debes ejercer con el poder que te da el ser un ciudadano que deja oír su voz en los foros y momentos adecuados, por ejemplo, a la hora de decidir tu voto. Puedes informarte, puedes pedirles información, que cumplan las normas establecidas, que implementen normas nuevas o que hagan cumplir aquellas ya implementadas y que no se están respetando.

No lo dudes, hazlo.

69 Césped de plástico hasta en la sopa

Cubrir los espacios urbanos con plástico no es buena idea. Así lo han demostrado investigadores gaditanos y catalanes que nos cuentan que más del 15 % de los cachitos de plástico que flotan en el Guadalquivir provienen del césped artificial.[81] Son hebras planas de 5 mm, de polietileno o de polipropileno, que pueden engañar a los peces al confundirlas con materia orgánica y se las comen. Y ¿quién se come a los peces...?

Y este no es el único problema asociado al césped artificial. Los investigadores nos cuentan también que su presencia causa un grave impacto en los ecosistemas, que provocan la lixiviación de sustancias químicas y que contribuyen al cambio climático y a la formación de islas urbanas de calor. Concluyen: «la sustitución de las cubiertas naturales por césped artificial representa una contribución muy importante a la contaminación por plásticos y un daño irreparable a la naturaleza».

Los riesgos son especialmente importantes para tus hijos, que pasan más tiempo en contacto directo (piel y boca) con el césped. Ellos tienen mayor absorción relativa, menor capacidad de detoxificación y son más vulnerables a los efectos de los DE.

Di no al césped artificial. Hay alternativas mucho más sostenibles y menos peligrosas para el medioambiente y para tu familia.

PREVÉ EL DAÑO CAUSADO POR EL CÉSPED ARTIFICIAL

- Está en tu mano impedir que tu ciudad acabe invadida por el plástico: exige a la Administración local que retire el césped artificial de rotondas y jardines. Aunque sea verde, no es vegetal, es petróleo.

- Lo mismo es aplicable para tu casa. No recurras a un material con plásticos contaminantes de una pésima gestión cuando se convierta en residuo.

70 Aparca a la sombra, tu coche es más peligroso de lo que crees

Tu coche es pequeño, acogedor, cómodo y tecnológicamente puntero, tanto lo es que, sin darte cuenta, pasas mucho tiempo en él..., pero seguro que nadie te ha dicho que es, también, una pequeña cámara de gas en potencia. ¿No lo sabías? Pues cuídate de aparcarlo a la sombra.

Numerosas publicaciones científicas[82] han estudiado la atmósfera del habitáculo de tu coche, es decir, ni más ni menos que lo que respiras cuando estás en él, y lo que cuentan es muy serio: a algunos de los compuestos orgánicos volátiles y semivolátiles que ya sabíamos que formaban parte de ese olor a coche nuevo, se unen ahora los ftalatos, los retardantes del fuego organofosforados, el bisfenol-A y F y algunos compuestos perfluorados.

Cada fabricante automovilístico parece tener su sello personal y, durante años, se han esmerado por que sus coches huelan de una forma particular, una especie de sello de marca. Eso se consigue con un cóctel muy variado de componentes químicos añadidos a las tapicerías, a los rellenos de gomaespuma, a los salpicaderos plásticos y a la electrónica que te acompañan en la conducción.

A todo esto, y para que el cóctel tóxico termine de serlo a conciencia, se añade el ingrediente final: la temperatura. Dicen los expertos que el coche aparcado al sol —imagina el tórrido verano de España— se convierte en una cámara de gas.

Como lo oyes. De modo que mi consejo no puede ser más claro: aparca a la sombra, ventila el coche antes de entrar y, si usas el climatizador, no pongas el aire en recirculación, sino que procura expulsar y renovar el ambiente. Tu salud y la de tus hijos te lo agradecerán.

EL AIRE DE TU COCHE ES UN PELIGRO: ¡VENTÍLALO!

- Los vehículos nuevos son una fuente importante de exposición a compuestos volátiles (desde solventes hasta retardantes de la llama y aditivos de los plásticos): es necesario que ventiles con frecuencia, no expongas tu coche a altas temperaturas y lo protejas con paneles reflectantes.

- No expongas tu automóvil a altas temperaturas exteriores. Si no ha sido posible evitarlas, ventila bien antes de entrar con menores en el habitáculo y coloca la ventilación en renovación de aire interior.

- Pide más zonas ajardinadas y áreas de aparcamiento protegidas del sol con más arbolado. Tú estás comprometido con las Zonas de Bajas Emisiones (ZBE), pero procúrame un sitio para aparcar sin que me achicharre.

- No estrenes automóvil durante tu embarazo o con tu hijo recién nacido. Procede de forma cuidadosa con las altas temperaturas y ventila el interior antes de entrar en tu coche nuevo.

71 El Mundial de los pobres y los neumáticos viejos

Ya que el fútbol está constantemente en boca de todos, quizá te interese saber qué materiales se usan en la fabricación de los campos de césped artificial, sí, como ese que tu estadio municipal estrenó recientemente.

Hay diversos componentes:

- Polietileno (PE) y polipropileno (PP), para las hojitas verdes que parecen naturales y que llaman «césped artificial».
- Polietilentereftalato (PET), para la capa intermedia.
- La base de este sándwich sintético está hecha de neumáticos viejos triturados, esos mismos que dejaste en el taller cuando te cambiaron las cuatro ruedas de tu coche y aflojaste una pequeña cantidad para su reciclado, más exactamente un euro y cuarto por rueda.

«¡Qué bien! ¡Una muestra más de la economia circular! ¡Esto funciona!», pensaste. Pero, como diría el burro de *Shrek*, los neumáticos son como las cebollas: son complejos, tiene muchas capas y muchos componentes, tantos que nuestra colega María Llompart[83] ha encontrado un sinfín de hidrocarburos aromáticos policíclicos (PAH) en los 91 campos de fútbol de 17 países de 4 continentes. Y un matiz importante: entre esos PAH, se incluyen los ocho que la ECHA (Agencia Europea de Sustancias y Mezclas Químicas) considera carcinógenos muy peligrosos.

Ah, se me olvidaba: de la masa que componen esos neumáticos triturados, también se desprenden algunos plastificantes, como los ftalatos y otros DE.

¡Maldita economía circular que me trae a casa toda la porquería que yo quería quitarme de encima por 5 euros!

La UE se lo ha tomado bien en serio: como ya te he comentado, la prohibición del uso de neumáticos reciclados para rellenar campos de fútbol es una realidad desde septiembre de 2023, dentro del contexto de eliminación de microplásticos en textiles, cosméticos y purpurinas multicolores. Espero que la noticia llegue bien clara a los regidores de tu municipio.

CAMPOS (DE FÚTBOL) NADA SANOS

- Desconfía de la reutilización de materiales de desecho en tu ciudad y en tu ocio. La economía circular no siempre funciona como te han contado: muchos de los productos que pretenden reciclar contienen componentes tóxicos.

- Di no a los campos de deporte plastificados montados sobre toneladas de neumáticos reciclados. Esto es jugar sobre los tóxicos.

72 Vaya, vaya, aquí no hay playa

Seguro que te impactó la noticia de principios de 2024 sobre los contenedores que se vertieron frente a las costas de Galicia con más de mil saquitos de 25 kg de granza de polietileno (PE) sazonada con sus correspondientes aditivos, como los protectores frente a la luz solar (UV) y los antioxidantes, también conocidos como pellets.

En su caída al océano, el contenedor desparramó por las prístinas aguas del Atlántico 26.500 kg de bolitas de polietileno. Las dichosas y tercas bolitas no pararon de nadar hasta la playa y, aunque los voluntarios trataron de reducir su impacto recogiendo con guantes bolita a bolita (porque de la toxicidad o inocuidad de este plástico se sabe poco y no se fían, y hacen bien), poco pudieron hacer por frenar el desastre ecológico.

Todos los que tenemos un mínimo de sensibilidad nos espantamos con la noticia, pero lo cierto es que todos los días pasamos por parques, rotondas y terrazas urbanas de nuestros pueblos o ciudades que algún concejal innovador ha decidido tapizar de plástico verde y no nos espantamos lo más mínimo. Y sí, tus sospechas son ciertas: ese plástico verde es el mismo polietileno sazonado con aditivos UV de las bolitas, el mismo material que tanto preocupa en las costas gallegas.

Mi ciudad no tiene playa (¡vaya, vaya!), pero es curioso que soporte la friolera de 57.000 m² de plástico polietileno sazonado con aditivos que tapizan las vías del metro, sus aceras y sus rotondas. Solo en césped artificial metropolitano, se han empleado 126.000 kg de plástico y aditivos UV: cinco veces más de lo que cayó por la borda del Toconao, el barco que sembró de bolitas el litoral gallego.

Lo raro es que aquí no ha venido ningún voluntario a retirar el césped artificial.

PLÁSTICO POR TODAS PARTES

- El césped artificial no es sostenible porque procede del petróleo y no tiene un plan de reciclado apropiado. Y en su degradación, acaba incorporándose a tu organismo. Exige productos vegetales y de origen natural.

73 Pajaritos recauchutados

Un destacado grupo de científicos ha publicado un estudio sobre la presencia de micro y nanoplásticos (MNP) en el pulmón de 51 especies de pájaros.[84] En todos ellos, se observa la presencia de partículas microscópicas de plástico que alcanzan una media de 416,22 partículas por gramo de pulmón.

De entre estos micro y nanoplásticos (compuestos por pedacitos de nylon, PVC y PP), llama la atención la abundancia de fragmentos de polietileno clorado (CPE) y de goma de butadieno (BR), no estudiados hasta ahora y que provienen del recubrimiento de cables eléctricos y del desgaste de los neumáticos de automóvil.

Sabíamos que el desgaste de los neumáticos contribuye a la mitad de los microplásticos vertidos al medioambiente.[85] Estos MP acaban en el suelo, son arrastrados por el agua o pasan a la atmósfera y contaminan el aire de nuestras ciudades, los cauces e, incluso, los campos. Ahora sabemos que ya están en los pulmones de la totalidad de los pajaritos investigados (51 especies).

Ya tienes un motivo más para pedir una ciudad libre de tráfico rodado. Los coches contaminan por su tubo de escape, pero también por sus ruedas, y todos las llevan, tanto los coches convencionales como los eléctricos, que tampoco se salvan de contaminar.

 MUCHO CUIDADO CON LOS NEUMÁTICOS

- Exige un mayor control en la calidad del aire urbano. El tráfico no solo contamina con la combustión de gasolina y gasóleo, sino que también el desgaste de los neumáticos contamina el aire con micro y nanoplásticos.

- Apoya la reducción del tráfico rodado en tu ciudad. Las Zonas de Bajas Emisiones (ZBE) son una necesidad ciudadana irrenunciable.

74 La avenida del BPA

La economía circular es una rueda que pincha por muchos lugares y puntos débiles de su desarrollo, no solo por los problemas medioambientales que conlleva el empeño por triturar y enterrar los neumáticos usados para almohadillar los campos de fútbol, con la consiguiente liberación de contaminantes tóxicos y microplásticos, sino que también por otras acciones y decisiones, como la de triturar y enterrar las palas de los aerogeneradores pasados de fecha en las calles de tu ciudad, lo que resulta conflictivo.

Lo anuncian en los medios las grandes empresas proveedoras de energía limpia: vamos a cambiar los antiguos y obsoletos aerogeneradores por otros más grandes, más altos, más potentes. Cinco de los viejos por uno de los nuevos. Verás qué de energía limpia. A la pregunta de ¿qué vais a hacer con los que se desmonten?, responden que tienen un plan y, si no, que van a pensar en algo rápido y barato.

Tú ya sabes algo del recorrido de los aerogeneradores que presiden tu pueblo. Gran parte de las resinas epoxi y de los materiales plásticos que los componen nacieron como bisfenol-A en Cartagena (Murcia), viajaron a Daimiel (Ciudad Real), donde dieron forma a las resinas epoxi, y acabaron crucificados en el Gólgota de los montes de Castilla, por decir un sitio cerca de Burgos.

Precisamente ahí han empezado a buscar soluciones brillantes a la basura plástica: toneladas de material tóxico rico en bisfenol-A (BPA), epiclorhidrina y microplásticos serán enterrados en la mismísima puerta de sus ciudadanos. Vaya disparate. Propongo que rebauticen la calle burgalesa elegida como «Avenida del BPA». Ahora que la Autoridad Europea en Seguridad Alimentaria (EFSA) ha promovido un recorte de 20.000 veces a la cantidad de BPA que ingerir a través de la comida, no parece adecuado sembrar de BPA nuestras calles.

¡Cuándo se van a enterar de que no queremos sus desechos petroleros ni en nuestros parques, ni en nuestros campos de fútbol, ni en nuestras calles!

BPA A LAS PUERTAS DE TU CASA

- Exige que no usen tus calles para enterrar desechos industriales. Las palas usadas de los aerogeneradores necesitan un tratamiento mejor y mucho más concienzudo que triturarlas y abandonarlas en la puerta de tu casa: son una fuente inagotable de BPA.

- Cuídate de la «circularidad» de los desechos y basuras. No todo puede ser reaprovechado, ya que hay objetos que pueden contener contaminantes tóxicos que no deben regresar a tu entorno.

- Exige una certificación más exhaustiva de los materiales reaprovechados.

75 Flanes de arena

Una nueva publicación[86] del grupo de Ethel Eljarrat nos sorprende (y espanta) con la variedad de contaminantes detectados en los vistosos suelos con los colores del arcoíris que tapizan parques infantiles y rellenan campos de deportes.

Ya sean neumáticos negros triturados o caucho nuevo pintado, abruma la cantidad de metales y metaloides, de retardantes de la llama organofosforados y de otros compuestos tóxicos que emanan de este material plástico derivado del petróleo. La publicación es impecable y sus recomendaciones claras, pero parecería que el mensaje no llega a los técnicos municipales ni a los promotores de la economía circular. No sé la razón. Será el inglés, será la ceguera, será la codicia... De niños, hemos jugado en los parques de nuestras ciudades durante generaciones sobre arena. Hemos disfrutado tocando tierra, arena y barro con las manos, pero alguien ha decidido que desollarse las rodillas con los chinarros es peligroso y mancharse la ropa con tierra es anticuado y sucio. «Mejor enterramos los neumáticos viejos y el caucho petrolero en los parques infantiles, lo pintamos y ¡a jugar! Dos problemas resueltos: reciclo ruedas viejas y vendo plástico de colorines».

Para que nos concienciemos y recuperemos el placer de que nuestros niños, como cantaba Vainica Doble, vuelvan a hacer «flanes de arena», yo me voy a limitar a copiarte aquí un párrafo textual del informe de Ethel Eljarrat y su equipo:

> El uso en superficies sintéticas de caucho triturado procedente de la industria del petróleo y neumáticos reciclados está intrínsecamente relacionado con el cambio climático global y, a nivel local, puede causar estrés térmico a los individuos expuestos y a las ciudades, con campos deportivos y espacios que crean islas de calor urbanas. Además, se liberan en el medio acuático y atmosférico productos químicos potencialmente tóxicos y microplásticos de larga vida. La presencia demostrada de to-

xinas y sus efectos ecotoxicológicos, la escasez de datos epidemiológicos humanos, la naturaleza desigual de los controles reglamentarios mundiales, nos recuerdan que el principio de precaución debe regir nuestras decisiones. Nada más que alegar, señoría.

 VOLVAMOS A LOS ARENEROS, POR FAVOR

- Exige a la autoridad municipal la mejor calidad ambiental para tu ciudad o pueblo.

- No permitas que plastifiquen tu entorno; siempre hay mejores alternativas. Se pueden utilizar materiales naturales y sostenibles que no son tóxicos.

- La mejor alternativa para los parques de juegos de nuestros hijos y nietos está al alcance de todos y es natural: arena y virutas de madera.

76 La producción ecológica visita la escuela

El Real Decreto 315/2025, del 15 de abril, establece las normas de desarrollo de la Ley 17/2011 sobre seguridad alimentaria y nutrición para el fomento de una alimentación saludable y sostenible en centros educativos. Una legislación largamente esperada que leemos con avidez.

Te lo resumo: la oferta de alimentos y bebidas en centros educativos estará compuesta, fundamentalmente, por alimentos frescos, de temporada (al menos el 45 %) y procedentes de canales cortos de distribución como: hortalizas, legumbres, cereales (preferiblemente integrales), frutas, frutos secos y aceite de oliva, que incluyan también un consumo moderado de fuentes de proteínas de origen animal como pescado, huevos, lácteos y carne (preferentemente de ave y de conejo). ¡Bien!

Prosigue la lectura: «Al menos el 5 % del total del coste de adquisición de alimentos ofertados serán de producción ecológica. Alternativamente, al menos 2 platos principales de comida al mes serán de producto ecológico».

¡Dos platos de comida ecológica al mes! Esto está muy por debajo de los mínimos exigidos a nivel europeo, que, por otra parte, España está obligada a cumplir. Habían propuesto los expertos de ALIMENTTA que fuese por lo menos un 25 % de producción agroecológica, local y de temporada, con una provisión directa desde redes locales de productores agroecológicos.

Teniendo en cuenta que España es el primer país en superficie y producción ecológica de la UE, la cifra esperada de adquisición y oferta de alimentos ecológicos en este Real Decreto está muy por debajo de las posibilidades.

El consumo de productos ecológicos asegura una reducción importante y muy significativa de la exposición a la química petrolera que invade el campo y tu plato. No lo dudes. Además, ten siempre en cuenta la mayor sensibilidad de niñas y niños a sustancias químicas potencialmente tóxicas con riesgos inmunológicos y endocrinos constatados, su posible acumulación en sus órganos y los efectos adversos tan solo observables a largo plazo.

No podemos dejar pasar esta oportunidad: reclama una norma más protectora sobre la exposición en la escuela a pesticidas.

 IR AL COLEGIO TAMBIÉN IMPLICA COMER SANO

- Exige que el consumo de producción ecológica sea, al menos, del 25 % del presupuesto de compra del comedor escolar.

- Exige que se extienda esta normativa a toda la restauración colectiva, desde la guardería hasta el instituto, e incluye los comedores universitarios. Luego, defiende que se aplique en residencias y hospitales..., no pueden ser los últimos en enterarse.

77 Pesticidas que te acompañan a casa

Tras 14 años de espera, por fin, la UE propone prohibir un pesticida por ser un DE.[87] Se trata del herbicida triflusulfurón, empleado en el cultivo de la remolacha y de la achicoria, según aseguran en su publicidad. Si progresa la propuesta, el triflusulfurón-metilo se unirá a la lista de pesticidas que no podrán ser utilizados en Europa aunque, como ya es tradición en el Viejo Continente, se podrá exportar el principio activo a otros países. Los fabricantes no tienen por qué alterarse: podrán continuar con sus negocios, caiga quien caiga, sea donde sea.

Un auténtico exterminador, este triflusulfurón: te asegura, a precio de saldo, el azúcar que no necesitas en tu cacao soluble, kétchup, pan de molde, refrescos, bollería industrial, cereales, chuches, etc. Y, además, es un disruptor endocrino. Supongo que, si yo cultivara remolacha, estaría muy preocupado por las «malas hierbas»; pero, como coterráneo de animales y plantas, me preocupa más la mala compañía de los herbicidas y esta forma estúpida de maltratar plantas, animales y seres humanos.

Un grupo de investigadores de diez países europeos —entre ellos, España (¡bien!)— ha estudiado la presencia de 209 pesticidas en el suelo donde cultivas, en el agua con la que riegas, en los vegetales que produces, en el aire de tu pueblo y en el interior de tu casa (115 casas).[88] El lugar elegido en España ha sido Cartagena, y el cultivo, el brócoli.

Todas las muestras de polvo interior de las casas de los agricultores tenían uno o más pesticidas. En las casas de los agricultores de cultivo convencional, se encontraron 82 pesticidas (rango 48-121). Menos pesticidas se encontraron en las casas de sus vecinos que practican el cultivo ecológico (65 pesticidas; rango 25-104); aquí dominan los pesticidas antiguos, esos que por su persistencia no hay manera de que desaparezcan.

Ganan por frecuencia el fludioxonil, el hexaclorobenceno, el imidacloprid y el butóxido de piperonilo. Ganan por cantidad el glifosato, en los hogares de los agricultores convencionales, y el 2,4-D, en las casas de los ecológicos. Dicen los autores del trabajo que el 2,4-D produce disrupción endocrina, efectos sobre la reproducción y sobre el desarrollo y neurotoxicidad; además, es irritante de las vías respiratorias y ópticas. Por su parte, el glifosato, que solo es un irritante ocular para la EFSA, según los autores, genera fundamentadas sospechas en la comunidad científica de ser un posible carcinógeno y un disruptor endocrino que puede causar efectos en la reproducción y en el desarrollo.

¿Por qué hay más pesticidas en las casas de los agricultores que en ningún otro lugar investigado, ya sea el campo, la cosecha, el agua o el aire? Dan una explicación sencilla que, como siempre, aquí te copio:

La proximidad de zonas agrícolas, el uso de pesticidas en interiores, la preparación de las mezclas en casa y la introducción en tu hogar a través del calzado, la ropa, la piel o el pelo, contribuyen a llenar tu casa de pesticidas tóxicos.

Tú creías que el único afectado por esta química malsana era el Mar Menor, pero ahora ya sabes que tu casa no está más limpia. Tendrás que hacer algo. Estás jugando con fuego.

MUCHO OJO CON LOS PESTICIDAS QUE MANEJAS

- Infórmate sobre los tratamientos ambientales que puedan hacer en tu municipio para el control de plagas. Exige el empleo de productos no perjudiciales.

- Exige que se respete la dosis recomendada por el fabricante para los pesticidas y herbicidas, que no se empleen en la cercanía de corrientes de agua, y que se apliquen en ausencia de viento.

- Pide que se cumplan los plazos de seguridad tras las aplicaciones de pesticidas y que se evite la presencia de niños y embarazadas.

- Pide que se cumplan los límites de uso del área tratada con fitosanitarios tras el tratamiento.

- Exige que se usen, en los medios urbanos, para el tratamiento de jardines y parques públicos, solo productos recomendados en agricultura ecológica.

- Pide la ecoetiqueta en el sustrato de jardineras: evitarás la exposición a metales, hidrocarburos aromáticos policíclicos y otros disruptores endocrinos.

- Cuida lo que arrastras a casa. Si estás expuesto a pesticidas, tú eres la mayor fuente de exposición en tu hogar.

78 Sembrando caca por el secano

Los sistemas de depuración de aguas residuales son muy eficaces retirando los microplásticos del agua. ¡Bien! Los microplásticos quedan atrapados en ese sedimento, también conocido como «lodos de depuradora».

En España, según datos del Registro Nacional de Lodos, el 80 % de los lodos generados se utilizan como fertilizantes y abono en agricultura. Somos los vicecampeones de Europa tras Reino Unido.

Seguro que más de uno piensa que esto es un éxito de la economía circular, pero la realidad es que países como los Países Bajos o Japón tienen prohibido el uso agrícola de estos lodos, dado el riesgo de los contaminantes que portan.

Ocurre que los miles de partículas de plástico que genera tu lavadora —recuerda que vas vestido de plásticos PET—, los neumáticos de tu coche —que se desgastan en la carretera y contaminan el agua— o los cosméticos de diseño con microperlas exfoliantes —busca *copolymer acrylate* y *crosspolymer* en su composición y no irás muy desencaminado— son cuidadosamente recuperados en los lodos y posteriormente esparcidos por los campos de cultivo dado su interés como abono.

Según la última publicación de tres jóvenes ingenieros de Cardiff y de Manchester,[89] la práctica de esparcir lodos en suelos agrícolas ha convertido los campos agrícolas europeos en uno de los mayores vertederos de microplásticos del mundo, tanto o más que nuestros océanos. Según afirman: «El reciclaje de lodos de depuradora crudos en suelos agrícolas debe ser revisado urgentemente para evitar una contaminación extrema por MP en el medioambiente».

Me aterra la nueva liturgia de la economía circular. ¿Es que el técnico innovador que la aplica, el comerciante codicioso que la promueve y el político bobo que la permite no leen los artículos e informes de especialistas y científicos que se publican? ¿No entienden la ciencia costeada con dinero público?

Tal vez la culpa sea nuestra, por no expresarnos con mayor

claridad. Por eso, este libro, para que sea fácilmente comprensible por todos y para que nadie nos pueda echar en cara, nunca, que no hayamos avisado del desastre que se nos avecina.

 NO AL ABONO DE NUESTRAS TIERRAS CON DISRUPTORES

- Exige un còntrol más estricto de la gestión de los residuos y basuras. Los lodos de las depuradoras son un ejemplo de improvisación y pésima gestión.

- Di no a la siembra de microplásticos en tu campo.

79 Tu Spectrum en las playas de Ghana

Tu viejo IBM y tu Nokia obsoleto van camino de África. Pero volverán. Lo asegura la Guardia Civil, que ha desmantelado una red ilegal de transporte de material electrónico que enviaba móviles y ordenadores en desuso en España a las costas del golfo de Guinea.

Siempre tan responsable con tu planeta, tú ya habías depositado tu basura electrónica en el punto limpio. Te costó, pero lo hiciste. Allí te presentaste un domingo por la mañana con tu móvil Nokia plegable, tu IBM de sobremesa (incluido un enorme monitor) y tu consola Spectrum y como quien se despide de dos viejos amigos, allí los dejaste, tan queridos. Te fuiste con la satisfacción del deber cumplido, con el convencimiento de que alguien se encargaría de procesar esta basura y de tratar adecuadamente sus plásticos y metales preciosos.

Pues bien, ¿quieres saber qué ha pasado con ellos?

La Guardia Civil ha abierto una barbaridad de contenedores en los puertos de Bilbao y de Almería, y ha encontrado que aquello que se declaraba como «material electrónico de segunda mano, esperando una nueva vida» eran toneladas —sí, 10.000— de la peor basura: la basura electrónica.

Tu Apple Macintosh ha sido fotografiado en la costa de África en el momento en que un ghanés se esfuerza por arrancar a tiras circuitos impresos y plásticos negros y, luego, arroja a una gran hoguera todo aquello que no es útil, para que se convierta en humo tóxico. En el peor de los casos, si no lo hace, espera que esos restos los engulla, como siempre, el inmenso océano.

El Atlántico, nuestro Atlántico, ha recibido durante años esa mierda y ha tratado de diluir a fuerza de olas y mareas esos metales tóxicos, así como los polibromados antifuego, los perfluorados persistentes y los plásticos malsanos. Y todos esos componentes los han devorado los peces. Ha estado nutriendo, como lo lees, a los peces del Atlántico Sur, esos que nos comemos en forma de palitos de merluza a la hora de cenar.

¿Ves como tenía razón? Todo vuelve.

¿CÓMO SE RECICLAN NUESTROS DESECHOS ELECTRÓNICOS?

- Exige una gestión correcta del material electrónico que desechas. El destino del material colectado en los puntos limpios debe ser verificado.

- Elige televisores y ordenadores con la ecoetiqueta, así disminuirás sensiblemente tu exposición a retardadores de la llama, a metales (cadmio, mercurio, plomo, cromo) y a biocidas, cuyo empleo está restringido o prohibido en los aparatos que llevan esta etiqueta.

- Alarga la vida de tus aparatos electrónicos: no seas un consumista compulsivo de las últimas novedades. No tienes que cambiar de móvil cada año.

80 Plastificados hasta en sueños

El plástico nos rodea. Es una conclusión inapelable. Los compañeros, científicos y estudiosos de infinidad de países, han descrito la presencia de microplásticos en nuestros intestinos, en nuestras heces, en el hígado, en el pulmón, en los testículos, en la placenta, en la leche materna, en la sangre y en los grandes vasos sanguíneos.[90] Ahora, también, sabemos que los microplásticos han llegado a nuestro cerebro. Con 500.000.000.000 (si, lo has leído bien, quinientos mil millones) de kg de plástico puestos en el comercio cada año, no es de extrañar que algunos fragmentos se nos cuelen en lo más íntimo. Parafraseando al gran Philip K. Dick en ese futuro apocalíptico en el que se inspiró la película *Blade Runner*, ¿sueñan los humanos envueltos en microplásticos?

A nuestros colegas —también a nosotros—, les preocupan los efectos adversos de esos fragmentos diminutos de plástico bailando junto a nuestras neuronas y discuten si será un efecto inespecífico vinculado a estos cuerpos extraños que nos produzcan inflamación o si podrá haber más efectos debido a su composición química extraordinariamente compleja, con sustancias tóxicas y DE.

Es posible que la respuesta la averigüemos más adelante. Por ahora, mientras la ciencia avanza dilucidando este asunto, cuídate como puedas de ellos, mantente alejado y protégete de las mil formas que adopta el plástico en nuestro día a día.

CEREBROS SIN PLÁSTICOS

- Mientras los expertos nos aclaran si los micro y nanoplásticos (MNP) son buenos o malos para nuestro organismo, trata de disminuir la exposición a estos renunciando a las mil formas del plástico y a sus abusos.

- Disminuye el consumo de plástico en tus compras, en tu comida, en tu ropa.

- Repara los pequeños electrodomésticos y, si no se puedan reparar, usa el punto limpio más cercano.

- Dale una segunda oportunidad a tu ropa buena. No dejes que acabe hundida en el océano. Acuérdate de cómo zurcir los descosidos.

- Alarga la vida de las cosas. Para ello, busca materiales nobles, duraderos y sostenibles. Huye del «un solo uso».

- Pórtate como un buen ciudadano y contribuye al reciclado cuando los plásticos han llegado al final de sus días.

- Recuerda que la clave es reducir, reparar, remendar, reutilizar y, en última instancia, reciclar.

Notas

1 Olea, N. *Libérate de tóxicos. Guía para evitar los disruptores endocrinos.* RBA, Barcelona, 2019.

2 Wang, Z., *et al.* «Toward a Global Understanding of Chemical Pollution: A First Comprehensive Analysis of National and Regional Chemical Inventories». *Environmental Science & Technology,* 54(5):2575-2584 (3 de marzo de 2020). DOI: 10.1021/acs.est.9b06379. Disponible en línea: https://pubs.acs.org/doi/10.1021/acs.est.9b06379

3 Comisión Europea. «El Pacto Verde Europeo». Disponible en línea: https://commission.europa.eu/strategy-and-policy/priorities-2019-2024/european-green-deal_es

4 Lim, X. «Could the world go PFAS-free? Proposal to ban "forever chemicals" fuels debate». *Nature,* 620, 24-27 (2023). DOI: 10.1038/d41586-023-02444-5. Disponible en línea: https://www.nature.com/articles/d41586-023-02444-5

5 Agencia Europea del Medioambiente (EEA). «HBM4EU & PARC». Disponible en línea: https://www.eea.europa.eu/en/about/who-we-are/projects-and-cooperation-agreements/hbm4eu-parc

6 Silvestre, E., y Codina, E. *Los primeros mil días. Hábitos para un embarazo, una infancia y una vida saludables.* RBA Integral, Barcelona, 2024.

7 Sung, H., *et al.* «Differences in cancer rates among adults born between 1920 and 1990 in the USA: an analysis of population-based cancer registry data». *The Lancet Public Health,* volumen 9, Issue 8, e583 - e593 (agosto de 2024). DOI: 10.1016/S2468-2667(24)00156-7. Disponible en línea: https://

www.thelancet.com/journals/lanpub/article/PIIS2468-2667(24)00156-7/
fulltext

8 IPEN. «HEAL press release: €31 billion per year in EU health savings possible from reducing exposures to hormone disrupting chemicals». 18 de junio 2014. Disponible en línea: https://ipen.org/news/heal-press-release-%E2%82%AC31-billion-year-eu-health-savings-possible-reducing-exposures-hormone

9 Olea, N., Salamanca, E., Domingo, P., y Fernández, M. F. *Plásticos, microplásticos y nanoplásticos y sus efectos sobre la salud humana. Guía para profesionales.* Observatorio de Salud y Medio Ambiente de Andalucía OSMAN, Escuela Andaluza de Salud Pública, Dirección General de Salud Pública y Ordenación Farmacéutica. Consejería de Salud y Consumo, Granada, 2023. Disponible en línea: https://www.osman.es/project/plasticos-microplasticos-y-nanoplasticos-sus-efectos-sobre-la-salud-humana-profesionales

10 Olea, N., Salamanca, E., Domingo, P., y Fernández, M. F. *¿Por qué el plástico es una amenaza para la salud? Informe para la ciudadanía.* Observatorio de Salud y Medio Ambiente de Andalucía OSMAN, Escuela Andaluza de Salud Pública, Dirección General de Salud Pública y Ordenación Farmacéutica. Consejería de Salud y Consumo, Granada, 2023. Disponible en línea: https://www.osman.es/project/plasticos-microplasticos-y-nanoplasticos-sus-efectos-sobre-la-salud-humana-ciudadania/

11 Alexalexiévich, S. *Voces de Chernóbil.* Debate, 2015.

12 «DOUE» núm. 27, de 30 de enero de 2010, páginas 1 a 19. Departamento: Unión Europea. Referencia: DOUE-L-2010-80073. Disponible en línea: https://www.boe.es/buscar/doc.php?id=DOUE-L-2010-80073

13 Puedes solicitar esta información en el sitio web del SINAC (Sistema de Información Nacional de Aguas de Consumo): https://sinac.sanidad.gob.es/SinacV2/index.html

14 Wang, H., *et al.* «Bisphenol analogues in Chinese bottled water: Quantification and potential risk analysis». *Science of The Total Environment,* volumen 713, 136583 (2020). DOI: 10.1016/j.scitotenv.2020.136583. Disponible en línea: https://www.sciencedirect.com/science/article/pii/S0048969720300930

15 Ministerio para la Transición Ecológica y el Reto Demográfico (MITECO). «Informe sobre la calidad de las aguas 2010-2023». Edición 2024. Disponible en línea: https://www.miteco.gob.es/content/dam/miteco/es/agua/temas/estado-y-calidad-de-las-aguas/proteccion-nitratos-pesti-

cidas/estado-plaguicidas/estado-de-los-plaguicidas-glifosato/2023/IN-
FORME%20CALIDAD%20DE%20LAS%20AGUAS%202682024.pdf

16 Ecologistas en Acción. «Informe: Directo a tus hormonas 2025». 27
de mayo de 2025. Disponible en línea: https://www.ecologistasenaccion.
org/340599

17 Ministerio para la Transición Ecológica y el Reto Demográfico (MI-
TECO). «Informe sobre glifosato en aguas continentales». Julio de 2022,
página 10. Disponible en línea: https://www.miteco.gob.es/content/dam/
miteco/es/agua/temas/estado-y-calidad-de-las-aguas/informe-glifosa-
to-julio-2022_tcm30-544631.pdf

18 Castiello, F., *et al.* «Childhood exposure to non-persistent pesticides
and pubertal development in Spanish girls and boys: Evidence from the
INMA (Environment and Childhood) cohort». *Environmental Pollution*,
volumen 316, Part 2, 120571 (2023). DOI: 10.1016/j.envpol.2022.120571.
Disponible en línea: https://www.sciencedirect.com/science/article/pii/
S0269749122017857

19 Suárez, B., *et al.* «Organophosphate pesticide exposure, hormone levels, and interaction with PON1 polymorphisms in male adolescents».
Science of The Total Environment, volumen 769, 144563 (2021). DOI:
10.1016/j.scitotenv.2020.144563. Disponible en línea: https://www.scien-
cedirect.com/science/article/pii/S0048969720380943

20 Mandard, S., «Florists, the overlooked victims of pesticides: "If so-
meone had warned me, my daughter would still be here"». *Le Monde*,
14 de octubre de 2024. Disponible en línea: https://www.lemonde.fr/en/
environment/article/2024/10/14/florists-the-overlooked-victims-of-pes-
ticides-if-someone-had-warned-me-my-daughter-would-still-be-he-
re_6729319_114.html

21 Pesticide Action Network Europe (PAN Europe). «Valentine's Day:
don't poison your loved one, avoid toxic flowers». *Pane*, 12 de febrero de
2025. Disponible en línea: https://www.pan-europe.info/blog/valentines-
day-dont-poison-your-loved-one-avoid-toxic-flowers

22 Puedes solicitar esta información en el sitio web del Registro Estatal de
Emisiones y Fuentes Contaminantes: https://prtr-es.es

23 Cerrillo I., *et al.* «Nutritional Analysis of the Spanish Population: A New
Approach Using Public Data on Consumption». *International Journal
of Environmental Research and Public Health*, 20(2):1642 (2023). DOI:
10.3390/ijerph20021642. Disponible en línea: https://www.mdpi.com/
1660-4601/20/2/1642

24 López-González, U., *et al.* «Exposure to mercury among Spanish adolescents: Eleven years of follow-up». *Environmental Research*, volumen 231, parte 2, 116204 (2023). DOI: 10.1016/j.envres.2023.116204. Disponible en línea: https://www.sciencedirect.com/science/article/pii/ S0013935123010058

25 Notificación 2024.5708. «Presence of mercury above limits in defrosted swordfish from Spain». 25 de julio de 2024. Disponible en línea: https://webgate.ec.europa.eu/rasff-window/screen/notification/700896

26 González-Estecha, M., *et al.* «Consensus document on the prevention of methylmercury exposure in Spain: Study group for the prevention of Me-Hg exposure in Spain (GEPREM-Hg)». *Journal of Trace Elements in Medicine and Biology*, volumen 32, págs. 122-134 (2015). DOI: 10.1016/j. jtemb.2015.05.007. Disponible en línea: https://www.sciencedirect.com/ science/article/pii/S0946 672X15300043

27 Capodiferro, M., *et al.* «Wild fish and seafood species in the western Mediterranean Sea with low safe mercury concentrations». *Environmental Pollution*, volumen 314, 120274 (2022). DOI: 10.1016/j.envpol.2022.120274. Disponible en línea: https://www.sciencedirect.com/science/article/pii/ S0269 749122014889

28 EFSA Panel on Food Contact Materials, Enzymes and Processing Aids (CEP), *et al.* «Re-evaluation of the risks to public health related to the presence of bisphenol A (BPA) in foodstuffs». *EFSA Journal*, volumen 21, issue 4, e06857 (abril de 2023). DOI: 10.2903/j.efsa.2023.6857. Disponible en línea: https://efsa.onlinelibrary.wiley.com/doi/abs/10.2903/j. efsa.2023.6857

29 Almroth, B. C., *et al.* «Single-use take-away cups of paper are as toxic to aquatic midge larvae as plastic cups». *Environmental Pollution*, volumen 330, 121836 (2023). DOI: 10.1016/j.envpol.2023.121836. Disponible en línea: https://www.sciencedirect.com/science/article/pii/S0269749123008382

30 Chen, H., *et al.* «Release of microplastics from disposable cups in daily use». *Science of The Total Environment*, volumen 854, 158606 (2023). DOI: 10.1016/j.scitotenv. 2022.158606. Disponible en línea: https://www.sciencedirect.com/science/article/pii/S0048969722057059

31 Boisacq, P., *et al.* «Assessment of poly- and perfluoroalkyl substances (PFAS) in commercially available drinking straws using targeted and suspect screening approaches». *Food Additives & Contaminants: Part A*, 40(9), 1230–1241 (2023). DOI: 10.1080/19440049.2023.2240908. Disponible en línea: https://www.tandfonline.com/doi/10.1080/19440049.2023 .2240908

32 Rodríguez-Carrillo, A., *et al.* «PFAS association with kisspeptin and sex hormones in teenagers of the HBM4EU aligned studies». *Environmental Pollution*, volumen 335, 122214 (2023). DOI: 10.1016/j.envpol.2023.122214. Disponible en línea: https://www.sciencedirect.com/science/article/pii/S0269749123012162

33 Hernández, L. M., *et al.* «Plastic Teabags Release Billions of Microparticles and Nanoparticles into Tea». *Environmental Science & Technology*, 53(21), 12300-12310 (2019). DOI: 10.1021/acs.est.9b02540. Disponible en línea: https://pubs.acs.org/doi/10.1021/acs.est.9b02540

34 Banaei, G., *et al.* «Teabag-derived micro/nanoplastics (true-to-life MNPLs) as a surrogate for real-life exposure scenarios». *Chemosphere*, volumen 368, 143736 (2024). DOI: 10.1016/j.chemosphere.2024.143736. Disponible en línea: https://www.sciencedirect.com/science/article/pii/S0045653524026377

35 Jala, A., *et al.* «Occurrence and risk assessments of per- and polyfluoroalkyl substances in tea bags from India». *Food Control*, volumen 151, 109812 (2023). DOI: 10.1016/j.foodcont.2023.109812. Disponible en línea: https://www.sciencedirect.com/science/article/pii/S0956713523002128

36 BOE, núm. 123, 3 de mayo de 2020. Disponible en línea: www.boe.es/boe/dias/2020/05/03/pdfs/BOE-A-2020-4791.pdf

37 Kasper-Sonnenberg, M., *et al.* «Plasticizer exposure in Germany from 1988 to 2022: Human biomonitoring data of 20 plasticizers from the German Environmental Specimen Bank». *Environment International*, volumen 195, 109190 (2025). DOI: 10.1016/j.envint.2024.109190. Disponible en línea: https://www.sciencedirect.com/science/article/pii/S0160412024007761

38 Ministerio para la Transición Ecológica y el Reto Demográfico (MITECO). «Informe relativo al cálculo de la recogida separada de botellas de plástico de un solo uso para bebidas en el año 2023». Noviembre de 2024. Disponible en línea: https://www.miteco.gob.es/content/dam/miteco/es/calidad-y-evaluacion-ambiental/sgecocir/plasticos--sup/INFORME%20RECOGIDA%20SE PARADA%20BOTELLAS%20SUP%20A%-C3%91O%202023_.pdf

39 Ravn, K. «New findings of PFAS in a wide range of products from dental floss to air fryers». *Forbrugerrådet Tænk*, 1 de abril de 2025. Disponible en línea: https://taenk.dk/new-findings-pfas-wide-range-products-dental-floss-air-fryers

40 Jørgensen, C. y Ravn, K. «Frying pans marketed with unlawful PFAS claim». *Forbrugerrådet Tænk*, 6 de enero de 2025. Disponible en línea:

https://taenk.dk/kemi/visit-our-english-version/frying-pans-marketed-unlawful-pfas-claim

41 Cole, M., *et al.* «Microplastic and PTFE contamination of food from cookware». *Science of The Total Environment*, volumen 929, 172577 (2024). DOI: 10.1016/j.scitotenv.2024.172577. Disponible en línea: https://www.sciencedirect.com/science/article/pii/S0048969724027232

42 Díaz-Galiano, F. J., *et al.* «Cooking food in microwavable plastic containers: in situ formation of a new chemical substance and increased migration of polypropylene polymers». *Food Chemistry*, volumen 417, 135852 (2023). DOI: 10.1016/j.foodchem.2023.135852. Disponible en línea: https://www.sciencedirect.com/science/article/pii/S0308814623004697

43 Andresen, L. y Ravn, K. «Silicone moulds can release unwanted chemicals into the food». *Forbrugerrådet Tænk*, 15 de noviembre de 2022. Disponible en línea: https://taenk.dk/kemi/english/silicone-moulds-can-release-unwanted-chemicals-food

44 Feng, D., *et al.* «Cytotoxicity, endocrine disrupting activity, and chemical analysis of 42 food contact silicone rubber products». *Science of The Total Environment*, volumen 872, 162298 (2023). DOI: 10.1016/j.scitotenv.2023.162298. Disponible en línea: https://www.sciencedirect.com/science/article/pii/S0048969723009142

45 Yadav, H., *et al.* «Cutting Boards: An Overlooked Source of Microplastics in Human Food?». *Environmental Science & Technology*, 57 (22), 8225-8235 (2023). DOI: 10.1021/acs.est.3c00924. Disponible en línea: https://pubs.acs.org/doi/10.1021/acs.est.3c00924

46 Agrawal, M., *et al.* «Micro- and nano-plastics, intestinal inflammation, and inflammatory bowel disease: A review of the literature». *Science of The Total Environment*, volumen 953, 176228 (2024). DOI: 10.1016/j.scitotenv.2024.176228. Disponible en línea: https://www.sciencedirect.com/science/ar ticle/pii/S0048969724063848

47 «Reciclar las cápsulas de café, ¿Cómo se hace?». Ecoembes, 26 de agosto de 2024. Disponible en línea: https://reducereutilizarecicla.org/como-reciclar-capsulas-de-cafe

48 Real Decreto 315/2025, de 15 de abril, por el que se establecen normas de desarrollo de la Ley 17/2011, de 5 de julio, de seguridad alimentaria y nutrición, para el fomento de una alimentación saludable y sostenible en centros educativos. http://www.boe.es/eli/es/rd/2025/04/15/315

49 Reglamento (UE) 2023/1545 de la Comisión de 26 de julio de 2023 por el que se modifica el Reglamento (CE) n.º 1223/2009 del Parlamento Europeo y del Consejo en lo relativo al etiquetado de los alérgenos de fragancias en los productos cosméticos. Publicado en «DOUE», núm. 188, de 27 de julio de 2023, páginas 1 a 23. Departamento: Unión Europea. Referencia: DOUE-L-2023-81086. Disponible en línea: https://www.boe. es/buscar/doc.php?id=DOUE-L-2023-81086

50 *Cyclotetrasiloxane* (D4) está regulado en cosméticos (EC 1223/2009); El *cyclopentasiloxane* (D5) está limitado a una concentración máxima de 0,1 % en productos de enjuague desde el 31 de enero de 2020; el *cyclohexasiloxane* (D6) será restringido hasta un máximo del 0,1 % en productos de enjuague con fecha 6 de junio de 2027; este límite máximo se extenderá a todos los cosméticos en lo referente a D5 y D6, el 6 de junio de 2027.

51 European Chemicals Agency (ECHA). «Per- and polyfluoroalkyl substances (PFAS)». Disponible en línea: https://echa.europa.eu/hot-topics/ perfluoroalkyl-chemicals-pfas

52 ANSES. «Évaluation des risques des professionnels exposés aux produits utilisés dans les activités de soin et de décoration de l'ongle». Octubre de 2017. Disponible en línea: https://www.anses.fr/fr/system/files/CON-SO2014SA0148 Ra.pdf

53 Países participantes: Austria, Dinamarca, Alemania, Finlandia, Islandia, Italia, Liechtenstein, Lituania, Luxemburgo, Malta, Noruega, Rumanía y Suecia. Más información: *European Chemicals Agency* (ECHA). «Hazardous chemi-cals found in cosmetic products». 30 de octubre de 2024. Disponible en línea: https://www.echa.europa.eu/-/hazardous-chemicals-found-in-cosmetic-products

54 Comisión Europea. «Protecting environment and health: Commission adopts measures to restrict intentionally added microplastics». 25 de septiembre de 2023. Disponible en línea: https://ec.europa.eu/commission/ presscorner/api/files/document/print/en/ip_23_4581/IP_23_4581_EN.pdf

55 https://www.elcastellano.org

56 Freire, C., *et al.* «Concentrations and predictors of aluminum, antimony, and lithium in breast milk: A repeated-measures study of donors». *Environmental Pollution*, volumen 319, 120901 (2023). DOI: 10.1016/j.envpol.2022.120901. Disponible en línea: https://www.sciencedirect.com/ science/article/pii/S0269 749122021169

57 Navarro-Tapia, E., *et al.* «Toxic Elements in Traditional Kohl-Based Eye Cosmetics in Spanish and German Markets». *International Journal of Environmental Research and Public Health*, 18(11):6109 (5 de junio de

2021). DOI: 10.3390/ijerph18116109. Disponible en línea: https://www.mdpi.com/1660-4601/18/11/6109

58 Peinado, F. M., *et al.* «Cosmetic and personal care product use, urinary levels of parabens and benzophenones, and risk of endometriosis: results from the EndEA study». *Environmental Research*, volumen 196, 110342 (2021). DOI: 10.1016/j.envres.2020.110342. Disponible en línea: https://www.sciencedirect.com/science/article/pii/S0013935120312391

59 Peinado, F.M., *et al.* «Cell cycle, apoptosis, cell differentiation, and lipid metabolism gene expression in endometriotic tissue and exposure to parabens and benzophenones». *Science of The Total Environment*, volumen 879, 163014 (2023). DOI: 10.1016/j.scitotenv.2023.163014. Disponible en línea: https://www.sciencedirect.com/science/article/pii/S0048969723016327

60 Fernández-Martínez, N. F., *et al.* «Relationship between exposure to para-bens and benzophenones and prostate cancer risk in the EPIC-Spain cohort». *Environmental Science and Pollution Research*, 31(4):6186-6199 (enero de 2024). DOI: 10.1007/s11356-023-31682-3. Disponible en línea: https://pubmed.ncbi.nlm.nih.gov/38147240/

61 Toro Nader, M. «Estos son los diez medicamentos más vendidos en España». *Ethic*, 27 de junio de 2023. Disponible en línea: https://ethic.es/diez-medicamentos-mas-vendidos-en-espana

62 Comisión Europea. Regulación 2024/996 del 3 de abril de 2024. Disponible en línea: https://eur-lex.europa.eu/legal-content/EN/TXT/PDF/?uri=OJ:L_202400996

63 Pulgar Encinas, R.M. «Composites y selladores dentales : análisis cromatográfico y demostración de actividad estrogénica». Granada: Universidad de Granada, 1996. 292 p. Disponible en línea: http://hdl.handle.net/10481/29145

64 Vítores-Calero, A., *et al.* «Biological significance of long-term bisphenol A release in the saliva of patients wearing orthodontic appliances: A systematic review and meta-analysis». *Journal of Clinical and Experimental Dentistry*, 16(7):e912-e920 (1 de julio de 2024). DOI: 10.4317/jced.61735. Disponible en línea: https://pmc.ncbi.nlm.nih.gov/articles/PMC11360455

65 Mustieles, V., *et al.* «Benzophenone-3: Comprehensive review of the toxicological and human evidence with meta-analysis of human biomonitoring studies». *Environment International*, volumen 173, 107739 (2023). DOI: 10.1016/j.envint.2023.107739. Disponible en línea: https://www.sciencedirect.com/science/article/pii/S0160412023000120

66 Peinado. F. M., *et al.* «Adolescent exposure to benzophenone ultraviolet filters: cross-sectional associations with obesity, cardiometabolic biomarkers, and asthma/allergy in six European biomonitoring studies». *Environmental Research*, volumen 280, 121912 (2025). DOI: 10.1016/j.envres.2025.121912. Disponible en línea: https://www.sciencedirect.com/science/article/pii/S0013 935125011636

67 Iribarne-Durán, L. M., *et al.* «Menstrual blood concentrations of parabens and benzophenones and related factors in a sample of Spanish women: An exploratory study». *Environmental Research*, volumen 183, 109228 (2020). DOI: 10.1016/j.envres.2020.109228. Disponible en línea: https://www.sciencedirect.com/science/article/pii/S0013935120301201

68 Shearston, J. A., *et al.* «Tampons as a source of exposure to metal(loid)s». *Environment International*, volumen 190, 108849 (2024). DOI: 10.1016/j.envint.2024.108849. Disponible en línea: https://www.sciencedirect.com/science/article/pii/S0160412024004355

69 Callejas-Martos, S., *et al.* «Comprehensive risk assessment of the inhalation of plasticizers from the use of face masks». *Environment International*, volumen 190, 108903 (2024). DOI: 10.1016/j.envint.2024.108903. Disponible en línea: https://www.sciencedirect.com/science/article/pii/S016041202400 4896

70 Jenner, L. C., *et al.* «Detection of microplastics in human lung tissue using μFTIR spectroscopy». *Science of The Total Environment*, volumen 831, 154907 (2022). DOI: 10.1016/j.scitotenv.2022.154907. Disponible en línea: https://www.sciencedirect.com/science/article/pii/S0048969722020009

71 Zhang, J., *et al.* «Microplastics in house dust from 12 countries and associated human exposure». *Environment International*, volumen 134, 105314 (2020). DOI: 10.1016/j.envint.2019.105314. Disponible en línea: https://www.sciencedirect.com/science/article/pii/S016041201931952X

72 Balasch, A., *et al.* «Assessment of Daily Exposure to Organophosphate Esters through PM2.5 Inhalation, Dust Ingestion, and Dermal Contact». *Environmental Science & Technology*, 57, 49, 20669–20677 (2023). DOI: 10.1021/acs.est.3c06174. Disponible en línea: https://pubs.acs.org/doi/10.1021/acs.est.3c06174

73 Castiello, F., *et al.* «Exposure to non-persistent pesticides and sexual maturation of Spanish adolescent males». *Chemosphere*, volumen 324, 138350 (2023). DOI: 10.1016/j.chemosphere.2023.138350. Disponible en línea: https://www.sciencedirect.com/science/article/pii/S0045653523006173

74 Vaezafshar, S., *et al.* «Young Children's Exposure to Chemicals of Concern in Their Sleeping Environment: An In-Home Study». *Environmental*

Science & Technology Letters, 12(5):468-475 (15 de abril de 2025). DOI: 10.1021/acs.estlett.5c00051. Disponible en línea: https://pubs.acs.org/doi/ 10.1021/acs.estlett.5c00051

75 Vaezafshar, S., *et al.* «Are Sleeping Children Exposed to Plasticizers, Flame Retardants, and UV-Filters from Their Mattresses?». *Environmental Science & Technology*, 59(16), 7909-7918 (2025). DOI: 10.1021/acs.est. 5c03560. Disponible en línea: https://pubs.acs.org/doi/10.1021/acs.est.5c 03560

76 Comisión Europea. «Proposal for a Regulation of the European Parliament and of the Council on the safety of toys and repealing Directive 2009/48/EC». 28 de julio de 2023. Disponible en línea: https://single-market-economy.ec.europa.eu/publications/proposal-regulation-safety-toys_en

77 Woodall, L. C., *et al.* «The deep sea is a major sink for microplastic debris». Royal Society Open Science, volumen 1, issue 4 (2014). DOI: 10.1098/rsos.140317. Disponible en línea: https://royalsocietypublishing. org/doi/full/10.1098/rsos.140317

78 Freire, C., *et al.* «Concentrations of bisphenol A and parabens in socks for infants and young children in Spain and their hormone-like activities». *Environment International*, volumen 127, págs. 592-600 (2019). DOI: 10.1016/j.envint.2019.04.013. Disponible en línea: https://www.sciencedirect.com/scien ce/article/pii/S0160412019307287

79 Xia, C., *et al.* «Per- and Polyfluoroalkyl Substances in North American School Uniforms». *Environmental Science & Technology*, 56(19), 13845-13857 (2022). DOI: 10.1021/acs.est.2c02111. Disponible en línea: https:// pubs.acs.org/doi/10.1021/acs.est.2c02111

80 Agencia Europea del Medioambiente (EEA). «PFAS in textiles in Europe's circular economy». 17 de septiembre de 2024. Disponible en línea: https://www.eea.europa.eu/en/analysis/publications/pfas-in-textiles-in-europes-circular-economy

81 De Haan, W. P., *et al.* «The dark side of artificial greening: Plastic turfs as widespread pollutants of aquatic environments». *Environmental Pollution*, volumen 334, 122094 (2023). DOI: 10.1016/j.envpol.2023.122094. Disponible en línea: https://www.sciencedirect.com/science/article/pii/ S0269749123010965

82 Lexén, J., *et al.* «Concentrations of potentially endocrine disrupting chemicals in car cabin air and dust – Effect of temperature and ventilation». *Science of The Total Environment*, volumen 947, 174511 (2024). DOI: 10.1016/j.scitotenv.2024.174511. Disponible en línea: https://www.science direct.com/science/article/pii/S004896972404659X

83 Armada, D., *et al.* «Assessment of the bioaccessibility of PAHs and other hazardous compounds present in recycled tire rubber employed in synthetic football fields». *Science of The Total Environment*, volumen 857, parte 2, 159485 (2023). DOI: 10.1016/j.scitotenv.2022.159485. Disponible en línea: https://www.sciencedirect.com/science/article/pii/S0048969722065846

84 Wang, M., *et al.* «Assessing microplastic and nanoplastic contamination in bird lungs: evidence of ecological risks and bioindicator potential». *Journal of Hazardous Materials*, volumen 487, 137274 (2025). DOI: 10.1016/j. jhaz mat.2025.137274. Disponible en línea: https://www.sciencedirect.com/science/article/pii/S0304389425001864

85 Giechaskiel, B., *et al.* «Contribution of Road Vehicle Tyre Wear to Micro-plastics and Ambient Air Pollution». *Sustainability*, 16(2), 522 (2024). DOI: 10.3390/su16020522. Disponible en línea: https://www.mdpi.com/2071-1050/16/2/522

86 Moreno, T., *et al.* «A new look at rubber recycling and recreational surfaces: The inorganic and OPE chemistry of vulcanised elastomers used in playgrounds and sports facilities». *Science of The Total Environment*, volumen 868, 161648 (2023). DOI: 10.1016/j.scitotenv.2023.161648. Disponible en línea: https://www.sciencedirect.com/science/article/pii/S0048 969723002632

87 Commission Implementing Regulation (EU) 2023/2513. 16 de noviembre de 2023. Disponible en línea: https://eur-lex.europa.eu/legal-content/EN/TXT/PDF/?uri=OJ:L_202302513

88 Silva, V, *et al.* «Pesticide residues with hazard classifications relevant to non-target species including humans are omnipresent in the environment and farmer residences». *Environment International*, volumen 181, 108280 (2023). DOI: 10.1016/j.envint.2023.108280. Disponible en línea: https://www.sciencedirect.com/science/article/pii/S0160412023005536

89 Lofty, J., *et al.* «Microplastics removal from a primary settler tank in a wastewater treatment plant and estimations of contamination onto European agricultural land via sewage sludge recycling». *Environmental Pollution*, volumen 304, 119198 (2022). DOI: 10.1016/j.envpol.2022.119198. Disponible en línea: https://www.sciencedirect.com/science/article/pii/S0269749122004122

90 Nihart, A. J., *et al.* «Bioaccumulation of microplastics in decedent human brains». Nature Medicine, volumen 31, 1114–1119 (2025). DOI: 10.1038/s4 1591-024-03453-1. Disponible en línea: https://www.nature.com/articles/s41 591-024-03453-1

Agradecimientos

Cuando se publicó *Libérate de tóxicos* te advertí que habría más. Esta es una historia interminable que va a exigir mucha atención y dedicación par parte de todos, especialmente por parte de aquellos que tienen responsabilidades para con otros: madres y padres, docentes, sanitarios y gestores de lo público. A los lectores quiero expresar mi reconocimiento por habernos animado en el día a día a seguir con la tarea de investigar, publicar en revistas científicas internacionales y comunicar en castellano lo que ya hemos dicho en inglés.

Agradezco a Anna Periago y a la editorial RBA su interés por mantener a los lectores informados en este tema tan delicado y abrir una línea de publicaciones en asuntos tan preocupantes. En Mercedes Castro reconozco su amabilidad y saber hacer y en todo el equipo editorial su profesionalidad y compromiso.

De forma especial quiero expresar mi agradecimiento a las instituciones públicas que soportan la investigación y a las sociedades científicas que nos ayudan en la divulgación en los medios clínicos y sanitarios: Grupo de Endocrinología y Medio Ambiente de la Sociedad Española de Endocrinología y Nutrición (GEMASEEN), Centro de Investigación Biosanitaria en Red de Epidemiología y Salud Pública (CIBERESP), Instituto de Investigación Biosanitaria ibs.GRANADA, Think Tank para la Transformación Alimentaria (ALIMENTTA) y la International Academy of Environmental Medicine (IAEM).